石油工人技术问答系列丛书

钻井工艺技术问答

杨保林　刁永红　张发展　编

石油工業出版社

内 容 提 要

本书结合企业现场培训，采用简明扼要、灵活的问答形式，介绍钻井工艺技术，主要包括钻井施工工序、钻头、钻柱、防斜打直井技术、喷射钻井技术、油气井的完井方法、下套管固井、常见钻井故障处理和钻井新技术等，实用性较强。

本书适用于油气田钻井员工培训，也可作为相关员工的自学用书。

图书在版编目（CIP）数据

钻井工艺技术问答 / 杨保林，刁永红，张发展编 .
北京：石油工业出版社，2011.12
（石油工人技术问答系列丛书）
ISBN 978-7-5021-8798-9

Ⅰ. 钻…
Ⅱ. ①杨…②刁…③张…
Ⅲ. 油气钻井 – 问题解答
Ⅳ. TE24 – 44

中国版本图书馆 CIP 数据核字（2011）第 232532 号

出版发行：石油工业出版社
（北京安定门外安华里 2 区 1 号　100011）
网　址：www.petropub.com.cn
编辑部：(010) 64523582　发行部：(010) 64523620
经　　销：全国新华书店
印　　刷：石油工业出版社印刷厂

2011 年 12 月第 1 版　2011 年 12 月第 1 次印刷
787 × 1092 毫米　开本：1/32　印张：5.75
字数：126 千字

定价：15.00 元
（如出现印装质量问题，我社发行部负责调换）

出版者的话

技术问答是石油石化企业常用的培训方式——在油田，由于石油天然气作业场所分散，人员难以集中考核培训，技术问答可以克服时间和空间的限制，随时考核员工知识掌握程度；在石化企业，每个装置的操作间都设置了技术问答卡片，这已成为企业日常管理、日常培训的一部分；此外，技术问答也是基层企业岗位练兵的主要训练方式。

技术问答之所以成为企业常用的培训方式，它的优点是显而易见的。第一，技术问答把员工应知应会知识提纲挈领地提炼出来，可以有助于员工尽快掌握岗位知识；第二，技术问答形式简明扼要，便于员工自学；第三，技术问答便于管理者对基层员工进行培训和考核。但我们也注意到，目前，基层企业自己编写的技术问答还有很多的局限性，主要表现在工种覆盖不全面、内容的准确性权威性不够等方面，针对这一情况，我们经过广泛调研，精心策划，组织了一批技术水平高超、实践经验丰富的作者队伍，编写了这套《石油工人技术问答系列丛书》，目的就在于为基层企业提供一些好用、实用、管用的培训教材，为企业基层培训工作提供优质的出版服务，继而为集团公司三支人才队伍建设贡献绵薄之力。

衷心希望广大员工能够从本书中受益，并对我们提出宝贵意见和建议。

石油工业出版社

2008 年 9 月

前　言

钻井是石油勘探开发过程中的重要环节，钻井工人是钻井现场生产的直接实施者，钻井工人的技术素质高低直接影响钻井生产的安全、速度和质量。因此，培养一支高素质的钻井队伍是摆在钻井工作者面前的紧迫任务，也是企业发展的需要。

在现代社会，对工人而言，最关心的问题之一是自己的职业技能是否能够达到岗位规范的要求，要做到这一点，其捷径之一就是岗位培训。然而现在许多培训教材都是按照传统模式编写的，内容讲求系统性，阅读量大，工人们学之不易，往往束之高阁，达不到培训效果。钻井工人的工作特点决定了平时很难进行集中培训学习，为了加强钻井工人岗位技能训练，全面提高钻井工人的技术素质，满足钻井工人技术培训和技能考核的需要，我们经过现场调研，参考了大量技术资料，结合钻井现场实际，编写了《钻井工艺技术问答》。

本书内容由十一部分组成，从钻井施工工序到钻井新技术，比较全面地反映了钻井工岗位的技术知识。本书采用一问一答的形式将钻井工应知应会的内容提炼出来，有助于工人尽快掌握岗位知识。

本书第一部分、第二部分、第三部分、第四部分、第八部分由刁永红编写，第五部分、第六部分、第七部分、第九部分、第十部分由杨保林编写，第十一部分由张发展、杨保林编写。全书由杨保林统稿。

本书适合钻井工人岗位学习，也可用于井队培训考核。

由于编写人员水平有限，缺点、错误在所难免，恳请读者提出宝贵意见。

编者

2011年5月

目　录

第一部分　钻井施工工序

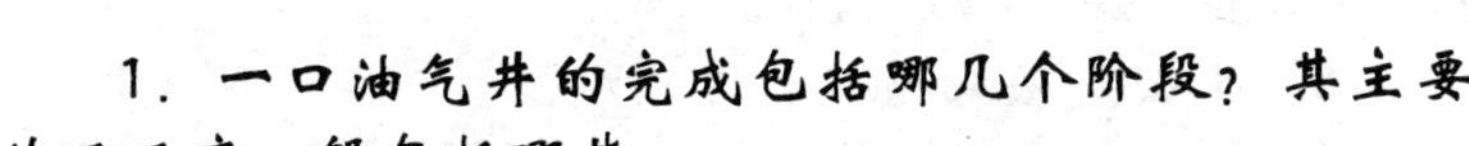

1．一口油气井的完成包括哪几个阶段？其主要施工工序一般包括哪些？

答：每一口油气井的完成都包括钻前施工、钻井施工和固井作业三个阶段。工程阶段又有一系列的施工工序。其主要施工工序一般包括定井位、道路勘测、基础施工、安装井架、安装设备、钻进、起钻、换钻头、下钻、完井测试、固井、搬家等。

2．什么是定井位？

答：定井位就是确定油气井的位置。它由勘探部门或油田开发部门来确定。

3．井位内容包括什么？

答：(1) 构造位置：该井在什么地质构造上。

(2) 地理位置：该井在省、市、县、乡、村的位置。

(3) 测线位置：该井所在的地震测线剖面。

(4) 坐标位置：该井在地球表面的经度和纬度。

4．定井位时应注意哪些事项？

答：定井位时，应全面考虑地形、地势、地物、土质、水源、地下水位、排水条件、交通状况等，优选最佳井位。

5．定井位的原则是什么？

答：避开山洪及暴雨冲淹或可能发生滑坡的地方；井场

边缘距铁路、高压电线及大型设施至少50m，井口距民房60m以上。

6．什么是道路勘测？

答：道路勘测是对井队搬家所经过的道路进行实地调查，以保证安全顺利地搬迁。搬家前要勘察沿途的道路、桥梁和涵洞宽度及承载能力，掌握沿途的通讯线、电力线的情况，凡不符合要求者及时整改处理。

7．什么是基础施工？

答：基础是安装钻井设备的地方，目的是保证机器设备的稳固，保证设备在运转过程中不移动、不下沉，减少机器设备的振动。基础质量差，将直接影响钻井设备的正常运转，加速设备的磨损。

8．钻井现场基础有哪几种？

答：钻井现场基础一般采用填石灌浆、混凝土预制和木方，特殊条件下可用木桩基础、爆扩桩基础。

9．什么是填石灌浆基础？

答：填石灌浆基础是先将直径250～350mm的石块填入坑内，然后1∶2或1∶3的水泥砂浆灌注而成。

10．什么是混凝土基础？

答：混凝土基础是用清水洗干净的直径为15～30mm的石子、干净的细砂和300～500号水泥，以一定的比例混合加水，用混凝土搅拌机或铁皮压盘人工搅拌均匀倒入基础坑内，并用铁针或振动器捣实而成。水泥∶砂子∶石子一般为1∶2∶4或1∶3∶5（体积比）。

11．填石灌浆及混凝土基础的特点是什么？

答：填石灌浆及混凝土基础具有现场制作方便、成形性好、强度大、能够承受较大的负荷等特点。钻井设备安装时

使用广泛，特别是重型、超重型钻井设备的井架、动力机及钻井泵等均用这种基础。

12．什么是木方基础？

答：木方基础是用硬质木料制成的，其断面尺寸为300mm×300mm或400mm×400mm。木方制作简单，完井后可起出多次使用，有利于保护环境。缺点是不能承受重载荷，而且费用高，现在已很少使用。

13．什么是混凝土预制基础（水泥活动基础）？

答：混凝土预制基础（水泥活动基础）是预先在车间（预制厂）按标准尺寸做成钢筋混凝土基墩，安装时直接运到井场使用，完井后起出可多次重复使用。预制基础可以提高安装速度，节约材料，减少运输费用，降低钻井成本。但由于各井场地表土层强度差异较大，该基础已经预制成形，因而适应性较差。

14．什么是搬家？其主要内容包括哪些？

答：搬家是把钻井设备及井队人员的生活设施由老井搬迁到新的井场。

搬家的内容主要包括：搬家前的准备工作、搬家组织工作、设备器材吊装、卸车及设备就位。

15．搬迁前的准备工作有哪些？

答：(1) 确定好搬迁时间及车辆计划。

(2) 把所有设备、活动板房拖开，清理泥污，按顺序摆放好。

(3) 准备好吊车、绑绳套和绳索。

(4) 所有大罐的油料必须倒空，钻井液应回收或放净。

(5) 落实搬迁道路、井场水源，合理搭配吊车、卡车。

16．设备器材吊装时的注意事项有哪些？

答：(1) 吊车起吊前，应检查绳索、吊钩是否牢固保险；检查物件受力情况，绳索不准放置在怕挤压物件上；检查基础是否下沉；注意观察，一切无问题后方可指挥吊装。

(2) 起吊任何物件都必须按照吊装安全操作规程进行操作，严禁伸长吊杆拖拉重物，重物下不准站人，不得进入吊杆旋转范围内，任何人不准随重物升降。

(3) 吊装（卸）管材（方钻杆、高低压管汇、立管等），不准斜吊，不准超重，起落转动应平稳，四周严禁站人。

(4) 易燃、易爆、怕挤压的物资器材，如氧气瓶、电瓶等应放在房子内，并应加固稳定。

(5) 吊装任何物品，其棱角处都应加垫，以衬起绳套或与其他物品直接接触。

(6) 对于“三超”（超高、超宽、超长）的大件设备，应按交通规则办理运输行车手续，并在相应部位挂标志（白天挂三角红旗，夜间挂红灯），同时选配责任心强的同志押运。

(7) 拉运易滚动和重心超过车厢板的物件，四面应绑牢、拉紧。

17．卸车及设备就位时的注意事项有哪些？

答：(1) 选好位置，争取一次就位。

(2) 按标准摆放设备，各设备之间距离要提前丈量好。

(3) 注意安全，起重臂下及旋转范围内不准站人。

18．什么是安装设备？其主要内容有哪些？

答：安装设备是将钻井所需设备、工具（除新设备、新工具外，一般是搬家拆开的设备、工具）等在新井场重新组装，形成完整的钻井设备系统。

安装设备的主要内容有设备就位、校正设备、固定设备等。

19．设备安装质量要达到“七字”标准和“五不漏”要求是指什么？

答：“七字”标准是指正、平、稳、全、牢、灵、通。

正：设备位置要对正，不偏不斜，偏差要符合标准。

平：设备安装的水平度要符合标准，工作台要铺平。

稳：设备安装时不悬空，运转时不颤动。

全：设备零部件、护罩、固定螺丝等要齐全。

牢：设备固定要牢固。

灵：设备的刹车控制系统要灵活可靠，仪器、仪表要灵敏准确。

通：各种管线、电路等要畅通。

五不漏是指不漏油、不漏气、不漏水、不漏电、不漏钻井液。

20．什么是钻进？它是如何分类的？

答：钻进是用一定的破岩工具，不断破碎岩石加深井眼的过程。

钻进按开钻次数分为：一次开钻钻进，二次开钻钻进，三次开钻钻进等。

钻进按钻井速度和对钻井液的要求分为：快速钻进，正常钻进。

21．什么是一次开钻？

答：一次开钻是设备安装完毕后，为下表层套管而进行的钻井施工。

22．一次开钻钻前的准备工作有哪些？

答：(1) 下井钻具及套管要清洗螺纹，检查、丈量、编

号，并记录。

(2) 挖圆井和循环沟，冲（钻）大鼠洞、小鼠洞，下好鼠洞管。

(3) 按设计要求配制好钻井液。

(4) 接好向井内灌钻井液的管线。

(5) 接好钻头，提出转盘大方瓦，下入钻具。

23. 一次开钻的技术要求有哪些？

答：(1) 钻头直径要根据所下表层套管的直径选定。

(2) 钻头进入圆井开泵，钻具结构、钻井参数、水力参数应符合工程设计要求。

(3) 表层套管的沉砂口袋不能大于 2m。

(4) 钻完表层，循环钻井液，调整好钻井液性能后，起钻投测，井斜小于 0.5°。

(5) 起钻时连续向井内灌满钻井液，钻头出转盘前，要先提出大方瓦，再起出钻头。

(6) 表层套管下入深度与设计深度误差小于 5m。

(7) 表层套管连接不得错螺纹，用双钳紧螺纹，剩余螺纹不超过 1 牙。

(8) 表层套管必须在井口找正，固定好后再固井。

(9) 固井时，水泥浆必须返出地面，若未返出则要补注，即打上水泥帽子。

(10) 替入量要计算准确，不得替空，水泥塞高度不大于 10m。

24. 什么是二次开钻？

答：二次开钻是下完表层套管固井后，再次开始的钻井施工。

25. 二次开钻前的准备工作有哪些？

答：(1) 安装井口装置。每次开钻的井口装置应尽量保持四通出口高度不变；双外螺纹短节及调节长度短节的有效长度误差小于 10mm；用标准规格螺纹，上紧后剩余螺纹不超过 1 牙；安装闸板防喷器时，手动锁紧装置的手轮及操纵杆应位于大门两侧，油路接头出口与井架大门方向相反。根据钻具尺寸装相应尺寸的管子闸板，并在司钻控制台和远程控制台上挂牌标明所装闸板尺寸，以防关错。手动锁紧装置要装全、连接好，并在手轮处挂牌标明开关圈数；环形防喷器油路接头应和闸板防喷器的油路接头方向相同；安装好防喷器井口后，要校正天车、转盘及防喷器组，三者中心在同一条垂线上，偏心距不大于 10mm。校正好后，用直径 18mm 的钢丝绳将防喷器紧固在井架底座上；安装好的防喷器井口内径无死台阶；防喷器上方要装防溅罩。

(2) 节流、压井管汇要使用专用管线并采用标准法兰连接，无弯度，管线装好后用地锚固定；四通的两翼各装两个阀门，紧靠四通的阀门处于常开状态（冬季一般处于常闭状态）；放喷管线的布局要考虑居民区、道路、各种设施等，并接出井口 75m 以外，控制阀门必须接出井架底座以外，管线安装要平直。

特殊情况下，管线要拐弯时，应采用铸钢弯头，其弯角应大于 120°，每隔 10 ~ 15m，拐弯处及放喷口要用水泥基墩地脚螺栓或地锚固定；放喷管线通径应大于 75mm；放喷管线及压井、节流管汇应采用防堵、防冻措施，保证畅通。

(3) 远程控制台应摆放在井架右前方，距井口 25m 以上，距放喷管线或压井管线要有一定距离，其电源线要单独连接，不能与照明线串接，储能器瓶的压力要始终在工作压

力范围内。司钻控制台要安装在司钻工作位置附近，便于司钻操作。

（4）安装完毕要全面试压。

26．什么是高压试运转？

答：开钻前，对循环系统进行高压试运转，以检查安装质量，保证设备和循环系统在钻进过程中不出问题，同时可发现薄弱环节，以便整改。

27．高压试运转应注意哪些问题？

答：（1）做好准备工作，钻井泵、立管、水龙头、水龙带及方补心等保险装置必须齐全可靠。

（2）装合适的钻头水眼，确保在确定的排量下达到钻进中的最高压力。

（3）试压时钻具结构为：钻头＋钻杆＋方钻杆。

（4）开泵时人员应远离高压区，待钻井泵运转平稳，泵压稳定后再检查。

（5）钻井泵上水良好，排量由小到大，逐渐达到确定排量。

（6）转盘转速由低到高，交替试运转，水龙带不摆不跳。

（7）试运转30min，钻井泵、地面高压管线、立管、水龙带、水龙头、泵压表等不刺不漏。如有问题及时整改，整改后重新试压，直到符合要求。

28．什么是钻进？

答：钻进就是使用一定的破岩工具，不断地破碎井底岩石、加深井眼的过程。钻进要按设计要求，采用先进的工艺技术，以便快速、高效地钻达目的层。

第二部分　钻　　头

29．钻头按功用分有几种？

答：钻头按功用分为全面钻进用钻头（全径钻头）和环状钻进用钻头（取心钻头）两种。

30．牙轮钻头的特点是什么？

答：牙轮钻头的特点是：牙齿与井底的接触面积小、比压高、工作扭矩小、工作刃总长度大。

31．牙轮钻头有几种类型？

答：按牙轮数目分有单牙轮钻头、双牙轮钻头、三牙轮钻头和多牙轮钻头。

按结构分有体式牙轮钻头和无体式牙轮钻头。

按牙齿类型分有铣齿和镶齿钻头。

按轴承类型分有滚动和滑动轴承钻头以及密封和不密封轴承钻头。

按水力能量的利用分有喷射和非喷射式钻头。

32．三牙轮钻头由几部分构成？各部分作用是什么？

答：三牙轮钻头由钻头体、巴掌（牙爪）、牙轮、轴承和水眼、储油密封补偿系统等构成，如图 2–1 所示。

（1）钻头体与巴掌：钻头体上部有螺纹与钻具连接，下部带有三个巴掌与牙轮轴颈相连，起支撑作用。

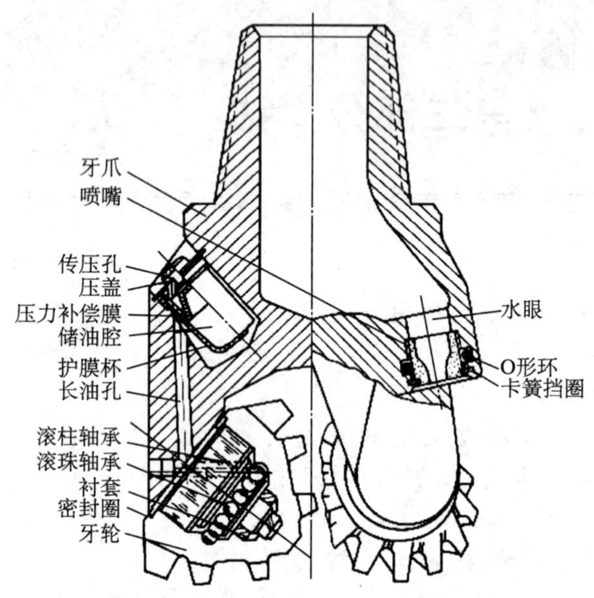

图 2–1　三牙轮钻头（铣齿密封滚动轴承喷射式）

（2）牙轮：分单锥和复锥两种结构。单锥牙轮由主锥和背锥组成；复锥牙轮由主锥、副锥和背锥组成，如图 2–2 所示。一般单锥适用于硬及研磨性高的地层；复锥适用于软及中硬地层。

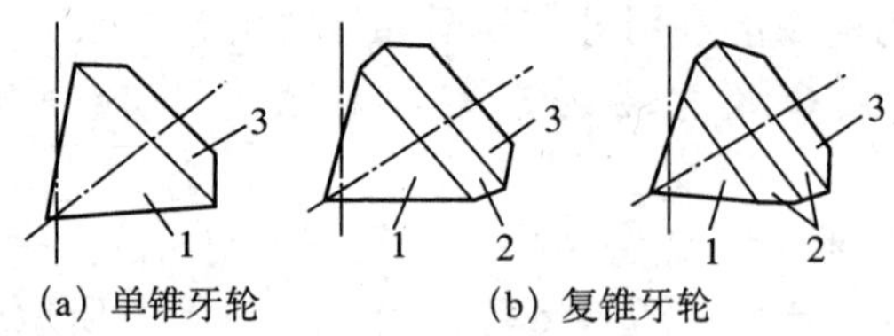

图 2–2　单锥和复锥牙轮

1—主锥；2—副锥；3—背锥

(3) 轴承：轴承的作用是固定牙轮，承受径向和轴向载荷。轴承按结构不同分为滚动轴承和滑动轴承两种。滚动轴承内装有滚柱轴承和滚珠轴承。滑动轴承是将滚动轴承中的滚柱轴承换成滑套。轴承是决定牙轮钻头寿命长短的重要因素。

(4) 水眼：钻头水眼是钻井液的通道。普通钻头（非喷射式）水眼是在钻头体的适当位置开孔并装上水眼套。喷射式钻头在水眼处装有硬质合金喷嘴，喷嘴是可拆卸的，在钻头使用前按优选的水力参数选定具有一定内径的喷嘴，并安装到钻头上。

(5) 储油密封补偿系统：作用是防止钻井液进入轴承腔内，向轴承腔补充润滑脂保证轴承得到润滑，提高钻头轴承的使用寿命。

33. 什么是有体式钻头？什么是无体式钻头？

答：有体式钻头是将钻头体与牙爪分别制造，然后再把牙爪焊到钻头体上。14 号及 14 号以上钻头都是有体式钻头，有体式钻头均为内螺纹。

无体式钻头是将 1/3 钻头体和牙爪分别制造再互焊成一体。13 号以下钻头都是无体式，无体式钻头均为外螺纹。

34. 什么是铣齿钻头？什么是镶齿钻头？

答：铣齿牙轮钻头的牙齿是由牙轮毛坯经铣削加工而成的，牙齿均为楔形齿。镶齿牙轮钻头是在牙轮上钻出孔后，将硬质合金材料制成的齿镶入孔中。硬质合金齿的形状即齿形，对钻头的机械钻速和进尺有很大影响。

35. 如何确定铣齿牙轮钻头的牙齿形状？

答：铣齿牙轮钻头的形状一般根据岩性来确定。在软地层中，对牙齿的强度和耐磨性要求较低，所以为了提高钻头

的破岩效率，牙齿一般做得高、大、尖、稀、薄；在硬地层中，对牙齿的强度和耐磨性要求高，因此钻硬地层的钻头牙齿一般做得矮、小、钝、密、厚。

36．铣齿钻头采取什么措施保径？有几种类型？

答：铣齿钻头为了防止钻头直径磨小，把其外排齿一般做成保径齿来保径。其齿形常见的有四种类型，即L形齿、T形齿、∏形齿及在规径齿尖处镶装硬质合金齿。如图2–3所示。同时为了休整井壁和防止背锥磨损，一般在铣齿牙轮的背锥上堆焊碳化钨粉或镶装平顶型齿。

(a) L形齿

(b) T形齿

(c) ∏形齿

图2–3　保径齿齿形

37．铣齿牙轮的齿圈有几种排列形式？各有什么优点？

答：铣齿牙轮的齿圈有两种排列形式。

(1) 自洗式牙轮。它的特点是相邻两个牙轮的齿圈是互相交错啮入的。牙轮旋转时，可以靠相邻两个牙轮的牙齿互相“洗”去齿圈间的岩屑，有利于防止泥包钻头。另外，由于齿圈的相互交错，可使牙轮的体积增大，有利于轴承的加强，适用于软地层。

(2) 非自洗式牙轮（也称重叠式)。它的特点是两个牙轮可以任意布置齿圈，不受相邻牙轮的相互影响。因此，可以布置较密的齿圈，提高井底遮盖系数。它适用于硬的及研磨性高的地层。

38．镶齿有什么优点？齿形有几种类型？

答：镶齿的硬度和抗磨性都比铣齿高，寿命也比铣齿长。特别是在研磨性高的极硬地层中钻进时，镶齿比铣齿更能显示其优越性。国内外常用的镶齿的齿形，如图 2–4 所示。

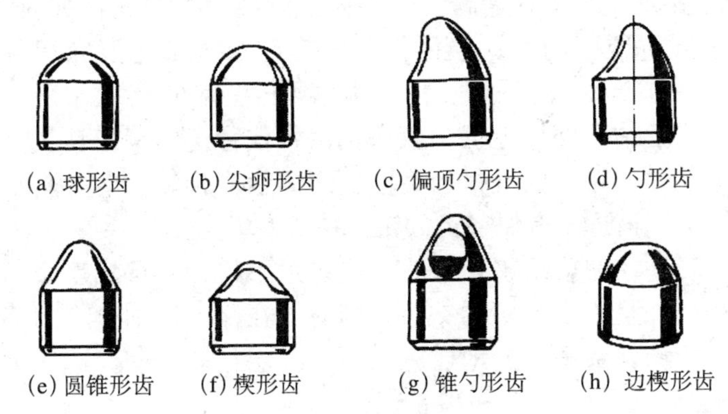

图 2–4　镶齿的齿形

39．镶齿牙轮是如何采取保径措施的？

答：镶齿牙轮的保径，目前国内外大多采用加强外径齿保径。这些齿比中间齿圈和牙轮尖处牙齿的碳化钨含量高、硬度大、耐磨性强。一般保径齿的齿刃高且较短，牙齿直径较小，布齿较密，使其不易折断和磨损。我国生产的有些镶齿钻头外排齿采用边楔形齿。这种齿是一种不对称的楔形齿，齿刃部分一边窄、一边宽。宽的一边耐磨性强，装在钻头外缘，起保径作用。为了修整井壁和防止背锥磨损，在镶齿牙轮和背锥上镶装平顶形齿，当外排齿磨损后，它也起保径作用。

40．牙轮钻头主要以什么方式破碎岩石？

答：牙轮钻头主要是依靠牙齿对地层的冲击、压碎作用与滑动剪切作用来破碎岩石的。

41．牙轮钻头选型原则是什么？

答：(1) 软地层应选择有移轴、超顶、复锥三种结构的牙轮钻头，其齿应是高、宽、稀、齿尖角大的铣齿或镶齿。随着岩石硬度增大，选择钻头的上述三种结构值应相应减小，齿也应矮、窄、密，齿尖角也要相应减小。

(2) 钻研磨性地层，应该选用带保径齿的镶齿钻头。当发现上一个钻头的外排齿磨圆而中间齿磨损较少时，则下一个钻头应该选用有保径齿的镶齿钻头。

(3) 在易斜地层钻进时，应选用不移轴或移轴量小、无保径齿并且齿多而短的钻头；同时，在保证移轴量小的前提下，所选钻头适应的地层应比所钻地层稍软一些，这样可以在较低的钻压下提高机械钻速。

(4) 选用镶硬质合金齿钻头时要注意：所钻地层页岩占多数时，用楔形齿钻头；钻石灰岩地层时，使用抛物体形或双锥形齿钻头；当用高密度钻井液钻井时，使用楔形齿钻头；当所选地层中页岩成分增加或钻井液密度增大时，用偏移值大的钻头；钻石灰岩或砂岩地层，选用偏移值小的钻头；钻硬的研磨性石灰岩、燧石、石英石时，用无移轴的球形齿钻头。

42．牙轮钻头使用时的注意事项主要有哪些？

答：(1) 镶齿钻头必须在井底干净、井下无落物时方能下井使用。

(2) 井径缩小或井下复杂，需要长井段划眼时，不能下入镶齿钻头。

（3）当地面设备有损坏、功率不足、管线刺漏、指重表不灵以及钻井液性能不符合要求或净化装置达不到预期效果时，都不应下入镶齿钻头，以免发生井下事故，造成经济损失。

（4）禁止在钻头上加热（如焊接、火烤等），以避免因高温损坏密封圈，导致密封早期失效或喷嘴落井。

（5）钻井液性能必须满足高压喷射钻井的要求，尤其要严格控制钻井液含砂量，避免通过喷嘴的高速钻井液中的硬颗粒刺坏钻头体。

（6）新钻头不能用油浸泡和强行活动牙轮。

43．三牙轮钻头的操作要点是什么？

答：三牙轮钻头的操作要点是：

（1）牙轮钻头检查：钻头型号、直径（要准确测量）、钢印标记与钻头说明书和外包装相符；连接螺纹应符合API标准；钻头体无损伤，焊接无裂缝，牙齿完好；新钻头牙轮一般用手不易转动，转动时牙轮无互咬或旷动，轴承间隙合适；储油与密封系统密封完好；用游标卡尺检查喷嘴直径，喷嘴内径尺寸选择合适，符合水力设计要求，流道畅通；旧钻头认真检查牙齿、轴承磨损等级，精确测量直径磨损程度，分析该钻头在将钻地层中的使用寿命、机械钻速、可钻进尺，比较钻井成本和承担风险，确定该旧钻头是否可再次入井。

（2）安装喷嘴时应保证喷嘴和壳体清洁，严禁用锤子敲打，安装正确，固定牢靠。

（3）钻头上扣时要使用合适的装卸器，避免损坏钻头体。

（4）下钻前应校正指重表。下钻操作要平稳，特别在使

用镶齿钻头时，应适当控制下钻速度。在硬地层井段，井斜大和井径不规则井段要特别小心，避免钻头碰击井壁，引起镶齿折断和掌尖损坏，导致密封早期失效。

（5）下钻过程中，应根据井深、遇阻情况和所钻地层岩性进行分段循环，调整好钻井液性能。

（6）下钻后期钻头接近井底时，或接单根后下放钻具时，速度不应过快，更不允许突然刹车，以免井下钻具由于惯性作用冲击井底，损坏合金齿或牙轮。

（7）新钻头下到距井底 2 ~ 3m 处（可视井底沉砂多少而定），要充分循环钻井液，校准参数仪，并记下泵压与悬重，以便出现异常情况时对比分析，距井底 1m 左右时将新钻头旋转下放到井底。钻头刚接触井底时要轻压（20 ~ 50kN）慢转一段时间，因为旧钻头形成的井底与新钻头底面形状往往不相符合，新钻头的少数牙齿首先接触井底，形成应力集中，很大的冲击载荷会使牙齿折断，折断的牙齿在井下又会损坏其他牙齿，导致钻头早期损坏。

钻头在修整井底的同时，轴承也进行了跑合。跑合时间主要由该井使用的上一只钻头磨损情况决定，一般不应少于 30min。

（8）钻头转数应控制在厂家推荐范围内，以免因相对线速度过大，摩擦副出现高温咬合或 O 形橡胶密封圈先期损坏。应根据厂家推荐的钻压允许值，结合本井所钻地层岩性特点，优选钻压；加钻压必须均匀，不允许间断加压，更要严防溜钻。

（9）当钻遇岩性软硬交错变化频繁地层时，会出现持续长久的蹩跳，并使大绳摆动，吊环敲击水龙头。这时，可加大钻压，减小转数；若是裂缝发育破碎地层，可减小钻压，

并提高转速。

(10) 任何情况下都不允许加压启动转盘。

(11) 加压钻进中，钻具需要停止转动时，应待指重表恢复原悬重后，才能摘去转盘离合器，以防止钻具受压突然停转而恢复原长度，形成相当大的附加钻压而损伤钻头。

(12) 为避免在软硬交错地层钻进时产生过大的冲击和振动，导致钻头镶齿碎裂，应安装减振器。同时，为避免钻进时因钻柱摆动而使钻压加在一个或两个牙轮上造成牙轮齿受力过大而折断，应在钻柱上加稳定器。

(13) 钻头用到后期出现蹩跳、转盘负荷增大、转动不均、打倒车严重、钻速明显下降等现象时，应停钻，循环好钻井液，起钻换钻头。

44. 国产三牙轮钻头有哪几个系列？各系列名称代号是什么？

答：国产三牙轮钻头根据钻头结构特征，钻头分为铣齿钻头及镶齿钻头两大类，共八个系列，其名称代号见表 2–1。

表 2–1　国产三牙轮钻头系列名称代号

类别	系列名称		代号
	全称	简称	
铣齿钻头	普通三牙轮钻头 喷射式三牙轮钻头 滚动密封轴承喷射式三牙轮钻头 滚动密封轴承保径喷射式三牙轮钻头 滑动密封轴承喷射式三牙轮钻头 滑动密封轴承保径喷射式三牙轮钻头	普通钻头 喷射钻头 密封钻头 密封保径钻头 滑动轴承钻头 滑动保径钻头	Y P MP MPB HP HPB
镶齿钻头	镶硬质合金齿滚动密封轴承喷射式三牙轮钻头 镶硬质合金齿滑动密封轴承喷射式三牙轮钻头	镶齿密封钻头 镶齿滑动轴承钻头	XMP XH

45．国产三牙轮钻头有几种类型？其代号是什么？各适用于什么地层？

答：国产三牙轮钻头根据所钻地层性质不同，各系列产品分别制成不同类型。共七种类型，其代号用数字表示，见表2–2。

表2–2 国产三牙轮钻头产品类型

地层性质		极软	软	中软	中	中硬	硬	极硬
类型	类型代号 原类型代号	1 JR	2 R	3 ZR	4 Z	5 ZY	6 Y	7 JY
适用岩性（举例）		泥岩 石膏 盐岩 软页岩 软石灰岩 白垩		中软页岩 硬石膏 中软石灰岩 中软砂岩	硬页岩 石灰岩 中软 石灰岩 中软砂岩	石英砂岩 硬石灰岩 花岗岩 大理岩		石英岩 燧石 花岗岩 玄武岩 黄铁矿
钻头体颜色		乳白、黄		浅蓝	灰	墨绿、红		褐

46．国产三牙轮钻头型号如何表示？举例说明。

答：国产三牙轮钻头型号表示方法如下：

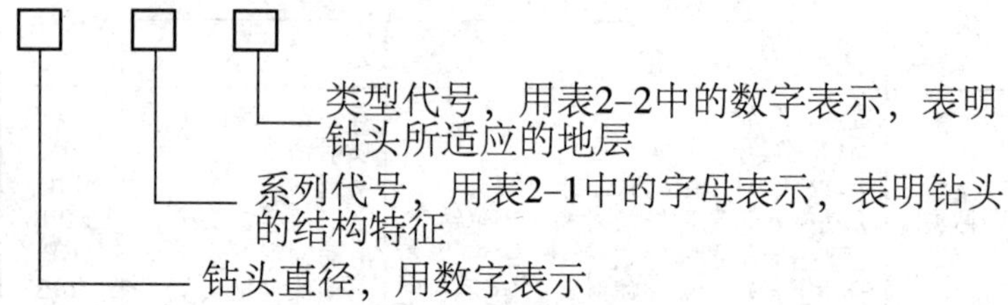

例：用于中硬地层，直径为$8^1/_2$in（215.9mm）的滑动密封轴承喷射式三牙轮钻头的型号为：$8^1/_2 \times$HP5（或

215.9×HP5）。

47．IADC 牙轮钻头是如何分类及编号的？

答：IADC 规定，每一类钻头用四位字码进行分类及编号，各字码的意义如下：

第一位字码为系列代号，用数字 1 ～ 8 分别表示八个系列，表示钻头牙齿特征及所适用的地层：

1 表示铣齿，低抗压强度高可钻性的软地层；

2 表示铣齿，高抗压强度的中到中硬地层；

3 表示铣齿，中等研磨性或研磨性的硬地层；

4 表示镶齿，低抗压强度高可钻性的软地层；

5 表示镶齿，低抗压强度的软到中硬地层；

6 表示镶齿，高抗压强度的中硬地层；

7 表示镶齿，中等研磨性或研磨性的硬地层；

8 表示镶齿，高研磨性的极硬地层。

第二位字码为岩性级别代号，用数字 1 ～ 4 分别表示在第一位数码表示的钻头所适用的地层中再依次从软到硬分为四个等级。

第三位字码为钻头结构特征代号，用数字 1 ～ 9 表示，其中 1 ～ 7 表示钻头轴承及保径特征，8、9 留待未来的新结构特征钻头用。1 ～ 7 表示的意义如下：

1 表示非密封滚动轴承；

2 表示空气清洗、冷却，滚动轴承；

3 表示滚动轴承，保径；

4 表示滚动、密封轴承；

5 表示滚动、密封轴承，保径；

6 表示滑动、密封轴承；

7 表示滑动、密封轴承，保径。

第四位字码为钻头附加结构特征代号，用以表示前面三位数字无法表达的特征，用英文字母表示。目前，IADC 已定义了 16 个特征，用下列字母表示：

A 表示空气冷却；

B 表示特殊密封轴承；

C 表示中心喷嘴；

D 表示定向钻井；

E 表示加长喷嘴；

G 表示附加保径和钻头体保护；

H 表示水平井和导向应用；

J 表示喷嘴偏射；

L 表示掌背扶正块；

M 表示马达应用；

S 表示标准铣齿；

T 表示双牙轮；

W 表示加强切削结构；

X 表示楔形镶齿；

Y 表示圆锥形镶齿；

Z 表示其他形状镶齿。

有些钻头，其结构可能兼有多种附加结构特征，则应选择一个主要的特征符号表示。

48. 什么是金刚石钻头？什么是 PDC 钻头和 TSP 钻头？

答：用金刚石材料做工作刃的钻头称为金刚石钻头。

用聚晶金刚石复合片做切削刃的钻头简称 PDC 钻头。

热稳定性聚晶金刚石钻头简称 TSP 钻头。

49. 金刚石钻头由几部分构成？各部分的作用是什么？

答：金刚石钻头属于一体式钻头，整个钻头无活动部件，主要有钻头体、胎体、水力结构（包括水眼或喷嘴、水槽，也称流道）、排屑槽、保径齿（刃）和切削齿（刃）五部分。图 2–5 所示为金刚石钻头。

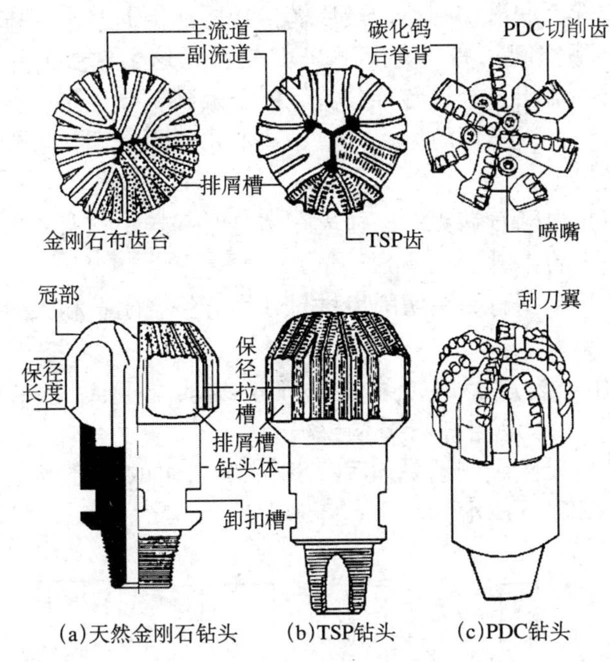

图 2–5　金刚石钻头

（1）钻头体由钢质材料制成，上部是螺纹，与钻柱相连接；碳化钨材料制成的胎体与钻头体下部烧结在一起，钢质胎体与钢质钻头体是一个整体。

(2) 钻头的胎体位于冠部，其表面（工作面）镶装有金刚石材料切削齿，并布置有水眼或喷嘴、水槽、排屑槽，其侧面镶装保径齿。

(3) 金刚石钻头的水力结构分为两类：一类用于天然金刚石钻头和热稳定性聚晶金刚石钻头，这类钻头的钻井液从中心水孔流出，经钻头表面水槽分散到钻头工作面各处冷却、清洗、润滑切削齿，最后携带岩屑从侧面水槽与排屑槽流入环形空间；另一类用于 PDC 钻头，这类钻头的钻井液从水眼中流出，经过各种分流元件分散到钻头工作面各处冷却、清洗、润滑切削齿。PDC 钻头的水眼位置和数量根据钻头结构而定。

(4) 金刚石钻头的保径齿在钻进时起扶正钻头、保证井径不缩小的作用。

(5) 金刚石钻头切削齿材料分为天然金刚石和人造金刚石两大类。

50. 天然金刚石钻头和 TSP 钻头常用的冠部形状有几种？各适用于什么地层？

答：天然金刚石钻头和 TSP 钻头常用的冠部形状有四种，如图 2–6 所示。

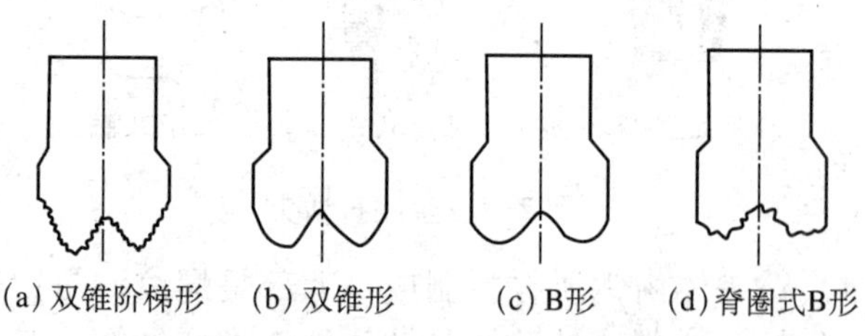

图 2–6　金刚石钻头不同冠部形状

（1）双锥阶梯形。这种形状的钻头适用于钻软到中硬的地层，如硬石膏、泥岩、砂岩、石灰岩等。

（2）双锥形。这种形状的钻头适用于较硬和致密的岩石，如较硬的砂岩、石灰岩、白云岩等。这种钻头的工作面由内锥、外锥和顶部圆弧三部分组成，内锥角一般为 60° ～ 70°，外锥角为 40° ～ 60°。

（3）B 形。B 形工作面由内锥和圆弧面组成，内锥角不小于 90°，其结构特点是顶部较宽也较平缓，适用于硬地层如硬砂岩及致密的白云岩等。

（4）带波纹（或称脊圈式）B 形。外形和 B 形相同，不同的是内锥和圆弧面上带有螺旋形波纹槽。金刚石就镶在波纹的波峰上，这种钻头适用于石英岩、燧石、火山岩和硬砂岩等坚硬地层。

51．天然金刚石钻头和 TSP 钻头的水槽有几种类型？各适用于什么地层？

答：天然金刚石钻头和 TSP 钻头的水槽有四种类型，如图 2–7 所示。

（1）逼压式水槽。这种水力结构的水槽分布在金刚石钻头工作面上，包括高压水槽及低压水槽。这种水槽一般用于软地层钻头。

（2）辐射形水槽。水槽为放射形且在钻头工作面上均匀分布，这种水槽一般用于软到中硬地层中。

（3）辐射形逼压式水槽。这是上述两种水槽结构的组合，常用于中硬到硬地层。

（4）螺旋形水槽。水槽为反螺旋流道，在钻头高转速条件下强迫钻井液流过金刚石工作面，并且还应用了逼压式水槽原理。这种水槽常用在高转速条件下。

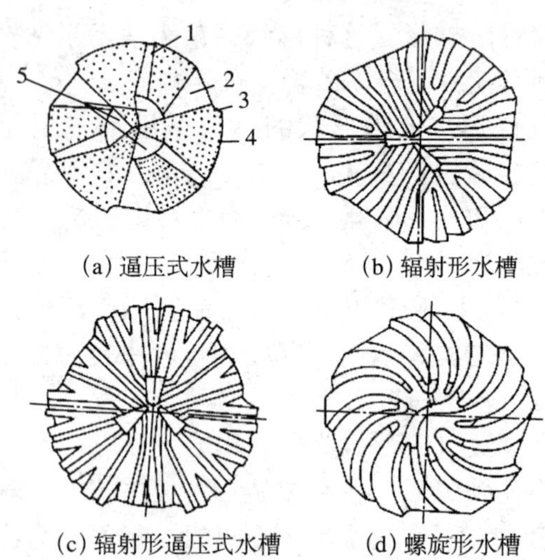

(a) 逼压式水槽　(b) 辐射形水槽

(c) 辐射形逼压式水槽　(d) 螺旋形水槽

图 2–7　天然金刚石钻头和 TSD 钻头水力结构的水槽类型

1—高压水槽；2—低压水槽；3—排屑槽；4—金刚石；5—水眼

以上四种类型水槽结构中，辐射形逼压式水槽效果最好。

52. 金刚石在钻头工作面上排列的方式有几种？各适用于什么地层？

答：目前常见的有交错排列法、圆周排列法、脊圈排列法三种，如图 2–8 所示。

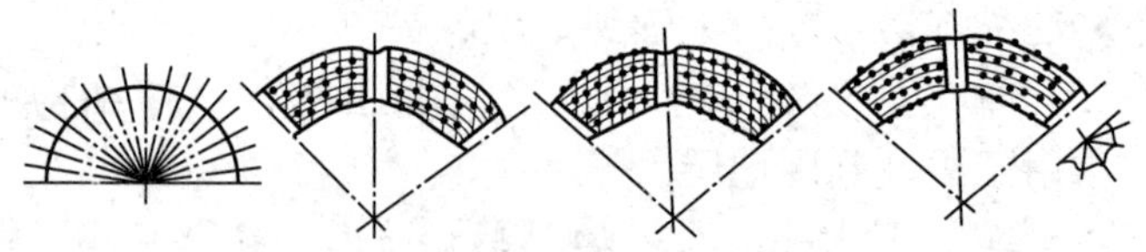

(a) 钻头外形　(b) 交错排列　(c) 圆周排列　(d) 脊圈排列

图 2–8　金刚石在钻头上的不同排列方式

（1）交错排列法。这种排列方法适用于软到中硬地层的钻头。

（2）圆周排列法。这种排列方法适用于硬地层，因为硬地层的金刚石粒度较小，出刃也低，这样排列有利于清除所有岩屑。

（3）脊圈排列法。这种排列布齿方式有利于排屑和冷却金刚石，适用于金刚石粒度较细、出刃小的坚硬地层钻头。

53．PDC 钻头按钻头体材料及切削齿结构划分可分为几类？

答：PDC 钻头按钻头体材料及切削齿结构划分，PDC 钻头分为钢体与胎体两大类，如图 2–9 所示。

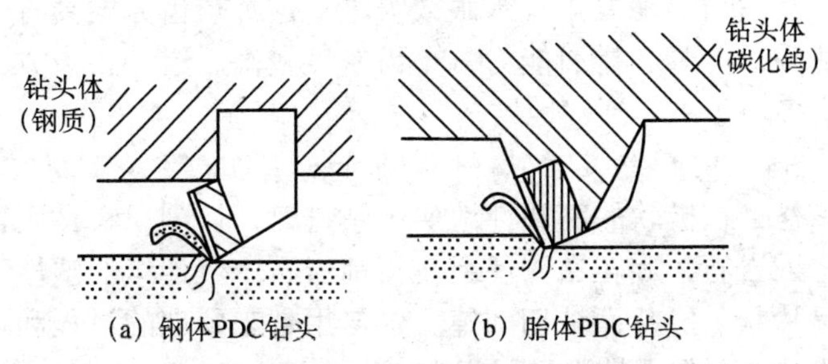

图 2–9　钢体 PDC 钻头与胎体 PDC 钻头

54．PDC 钻头的切削齿布置有哪几种方式？各有何特点？

答：PDC 钻头的切削齿布置有刮刀式、单齿式及组合式三种排列及分布方式。

刮刀式布齿方式的特点是将切削齿沿着从钻头中心附近到保径部位的直线（或接近于直线的曲线）布置在胎体刮刀上，在适当的位置布置喷嘴（或水眼），每个喷嘴（或水眼）

起到冷却或清洗一个或两个刮刀片上的切削齿的作用。采用这种方式布齿的PDC钻头具有整体强度高、抗冲击能力强、易于清洗和冷却、排屑好、抗泥包能力强的特点，在粘性或软地层中应使用这种布齿方式的PDC钻头。

单齿式布齿方式是将切削齿一个一个地单独布置在钻头工作面上，在适当的地方布置喷嘴（或水眼），钻井液从喷嘴流出后，切削齿受到清洗及冷却，但同时也起到阻流与分配液流的作用。这种结构的布齿区域大、布齿密度高，可以提高钻头的使用寿命，但水力控制能力低，容易在粘性地层泥包。

组合式切削齿的布置采用刮刀式和单齿式相结合的方式，在适当的地方布置水眼或喷嘴，这种布齿方式具有较好的清洗、冷却和排屑能力，布齿密度较高。这种布齿方式的钻头多用于中等硬度地层。

55. PDC钻头是如何破岩的？

答：在极软的高塑性地层中钻进时，切削齿在钻压作用下吃入岩石，旋转钻头便会使刃前岩石产生连续的塑性流动而呈片状、层状而被切削掉。这与用犁来犁地的过程和麻花钻头在金属件上钻眼过程相类似。

PDC钻头在塑脆性地层中钻进时，PDC钻头的切削齿在钻压的作用下吃入岩石。在扭矩作用下先于刃前的岩石发生碰撞，随着钻头转动，切削齿挤压刃前岩石，并产生小剪切破坏。当扭矩增大时，切削齿继续向前推进压碎刃前岩石，并将部分岩石压碎呈粉末。当扭力增大至岩石的强度极限时，岩石沿剪切面发生大块的剪切破碎，此后切削齿的扭力突然降低，紧接着随着钻头转动，切削齿便会又与岩石发生碰撞、挤压、剪切三种破岩过程。这样反复进行就是PDC钻

头在塑脆性地层中钻进的规律。

56. 简述天然金刚石钻头和 TSP 钻头的工作原理。

答：(1) 在硬地层中钻进时，金刚石颗粒在钻压作用下压入岩石，使之与金刚石颗粒接触的岩石处于极高的应力状态而使岩石呈现塑性。

(2) 在塑性地层（或岩石在应力作用下呈塑性的地层）中，钻头在钻压作用下，金刚石颗粒吃入地层，在扭矩的作用下使金刚石颗粒前方的岩石发生破碎或被切削，脱离岩石基体，形成岩屑，这一切削过程相当于“犁地”过程，称为犁削，如图 2–10 所示。岩石破碎的体积大体等于金刚石吃入岩石后的位移体积。

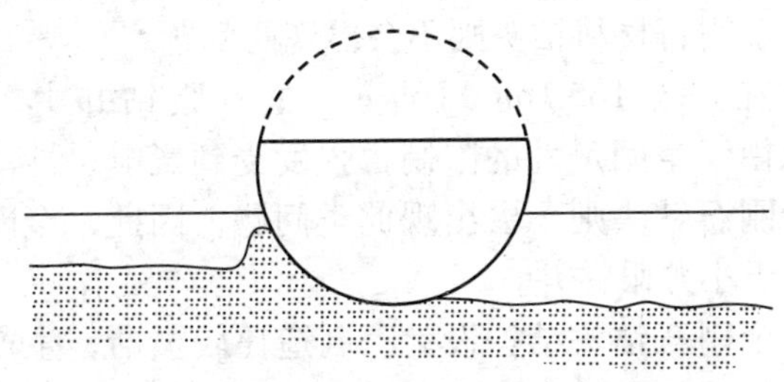

图 2–10　天然金刚石钻头的犁削作用

(3) 在脆性较大的岩石中，在钻压和扭矩作用下所产生的应力使岩石表现为脆性破碎，即属于以剪力和张力破坏岩石。在这种情况下，金刚石钻头的破岩速度较高，岩石破碎的体积远大于金刚石吃入后位移的体积。

(4) 在坚硬地层（如燧石、硅质白云岩、硅质石灰岩等）中，一般均采用细颗粒的金刚石制成孕镶式金刚石钻头来钻进，其特点是要靠金刚石的棱角实现微切削、刻划等方

式来破碎岩石。这时破碎下来的岩屑基本上是粒度很细的粉末。

57．与牙轮钻头相比，金刚石钻头有何特点？

答：与牙轮钻头相比，金刚石钻头具有以下特点。

（1）金刚石钻头是一体式钻头，它没有牙轮钻头那样的活动部件，也无结构薄弱环节，因而它可以使用高转速，适合于井下动力钻具配合使用，提高钻井速度；在定向钻井中，它可以承受较大的侧向载荷而不发生井下事故，适合于定向井钻探。

（2）金刚石钻头使用正确时，耐磨且寿命长，适合于深井及研磨性地层使用。

（3）在地温较高的情况下，牙轮钻头的轴承密封易失效，使用金刚石材料钻头则不会出现此问题。

（4）在小于165.1mm（$6^1/_2$in）的井眼钻井中，牙轮钻头的轴承由于空间尺寸的限制，强度受到影响，性能不能保证，而金刚石钻头则不会出现此类问题，因此，金刚石材料钻头适用于小井眼钻井。

（5）金刚石钻头结构设计、制造比较灵活，生产设备简单，因而能满足非标准的异形尺寸井眼的钻井需要。

（6）金刚石钻头中的PDC钻头是一种切削型钻头，切削齿具有自锐优点，切削面积较大，是一种高效能钻头。

（7）金刚石钻头由于热稳定性的限制，工作时必须保证充分的清洗与冷却。

（8）金刚石钻头抗冲击性能较差，使用时必须遵照严格的规程。

（9）金刚石钻头价格较高。

58. 金刚石钻头的选择原则是什么？

答：(1) 天然金刚石（ND）钻头适合于在硬地层和坚硬的地层钻井。TSP 钻头适合于在具有研磨性的中等硬度至硬地层钻井。

(2) PDC 钻头适合于在软到中等硬度地层钻井，但是 PDC 钻头钻进的地层应是均质地层，以避免冲击载荷，含砾石的地层用 PDC 钻头必须采用轻钻压（5kN 左右）。

(3) 对于同一地层使用过的几种类型的钻头，在保证井身质量的前提下，一般以“每米成本”最低的钻头作为选型标准。

(4) 收集邻近井相同地层钻过的钻头资料及上一个钻头的磨损分析，结合本井的具体情况来选择。

(5) 按照钻头产品目录中说明的钻头适用地层选择钻头类型。

59. 金刚石钻头下井前应做好哪些准备工作？

答：(1) 井下情况正常，起下钻畅通无阻。

(2) 井底干净，无金属落物。

(3) 钻井液符合钻井设计要求，净化设备运转正常。

(4) 用好钻杆滤清器，其最大孔径应小于钻头最小喷嘴的直径。

60. 金刚石钻头入井前应做哪些检查？

答：(1) 钻头型号、直径、钢印标记与钻头说明书和外包装相符。

(2) 内、外切削齿（复合片）完整，无断齿、掉齿。

(3) 流道畅通，用游标卡尺检查喷嘴直径，喷嘴固定牢靠，符合水力设计要求。

(4) 旧钻头认真检查内、外齿区磨损级别、钻头直径磨

损程度、钻头磨损特征，分析该钻头在将钻地层中的使用寿命、机械钻速、欲钻进尺，比较钻井成本和承担风险，确定是否再次入井。

61．金刚石钻头下钻时的注意事项有哪些？

答：(1) 钻头螺纹要涂好标准的润滑脂，上卸钻头要用钻头装卸器。

(2) 钻头入井要扶正、慢放，至防喷器时更要找中，防止碰坏 PDC 切削齿。

(3) 下钻速度要缓慢，要平稳操作，严禁猛刹、猛顿。操作时，司钻要密切注视指重表，遇阻不能超过 30kN，否则应接方钻杆循环，采用一冲、二通、三划眼的办法通过。划眼时，划眼钻压应控制在 20kN 以下（钻头直径小于 215.5mm 时，要低于 10kN），转速低于 50r/min。严禁大段划眼和不循环钻井液划眼。

(4) 下钻接近井底时应提前开泵。钻头离井底 0.5m 以上，应缓慢上下活动和转动钻具，充分循环钻井液。待井底清洁后，校正指重表。待泵压正常后方可井底造型。

确认钻头接触井底后，采用 50r/min 左右的转速和 5 ~ 20kN 的钻压磨合井底，进尺 0.5 ~ 1.0m。

62．金刚石钻头钻进作业时的注意事项有哪些？

答：(1) 钻速试验。井底造型后，可在钻头厂家推荐的钻井参数范围内，选用不同的钻压转速进行钻速试验，直到找到一个最优钻速为止。做钻速试验时要逐渐增加钻压或转速，严禁猛增钻压或转速，以防金刚石损坏。ND 钻头与 TSP 钻头适用于适当钻压、高转速。PDC 钻头适用于小钻压、高转速，可用于转盘钻井，也可用于井下动力钻具钻井。

（2）钻速试验完毕，即可按最优参数正常钻进。钻进中要确保排量、泵压满足要求，保证有效清洗井底、携带岩屑。送钻要均匀，钻遇泥岩井段时，钻速会明显下降，这时司钻要耐心，并可适当提高钻压，降低转速，但钻压也不宜过大，一般提高 10 ～ 30kN 为宜。若钻遇发生轻微蹩钻现象时，可适当降低钻压，同时降低钻速，等钻穿硬夹层后再采用正常参数钻进。严禁加压启动转盘。

（3）接单根后缓慢转动下放至井底，以防撞击损坏切削齿。

（4）每钻进 200 ～ 300m 或者每钻 24h 要进行一次短起、下钻，以防止起钻拔活塞。

（5）钻头使用到后期，PDC 切削齿的磨损平面加大，降低了 PDC 切削齿切入地层的深度，因此可适当提高钻压以维持较高的机械钻速。

63．金刚石钻头在什么情况下应起钻？

答：遇到下列情况之一应考虑起钻：

（1）地层岩性变化不大，而机械钻速和转盘扭矩却明显降低；

（2）有连续蹩钻现象且没有进尺；

（3）立管压力明显上升或降低；

（4）综合经济指标低于其他类型钻头。

64．金刚石钻头使用时应注意什么？

答：（1）钻头搬动时要小心轻放，防止 PDC 切削齿损伤；

（2）钻头不允许采用堵喷嘴的办法钻进，以防止降低对 PDC 切削齿的冷却效果；

（3）钻较薄砾石层时，一定要小钻压，控制在 5kN 左右，砾石层较厚时，不宜使用金刚石钻头；

(4) 避免带钻压启动转盘；

(5) 正常钻进时，钻井液排量必须保持在推荐范围内，以确保岩屑能及时排出，并保证 PDC 切削齿充分冷却；

(6) 当钻遇大段疏松砂岩地层时，要适当降低机械钻速；

(7) 在定向井中，严禁使用金刚石钻头在井口进行动力钻具试运转，以防止损坏 PDC 切削齿。

第三部分　钻　　柱

65．什么是钻柱？钻柱由什么组成？

答：钻柱是钻头以上、水龙头以下部分的钢管柱的总称，它由方钻杆、钻杆、加重钻杆、钻铤、配合接头、稳定器等组成。钻柱是钻井的重要工具，它是连通地下与地面的枢纽。

66．钻柱的作用是什么？

答：(1) 为循环钻井液提供由井口流向井底的通道，为钻头输送液体能量；

(2) 给钻头施加适当的压力（钻压），使钻头的工作刃不断吃入岩石；

(3) 把地面动力（扭矩等）传递给钻头，使钻头不断旋转破碎岩石；

(4) 起下钻头；

(5) 为井下动力钻具输送液体能量，并承受反扭矩；

(6) 根据钻柱的长度计算井深；

(7) 通过钻柱可以观察和了解钻头的工作情况、井眼状况及地层情况等；

(8) 协助各种井下作业工具进行取心、定向、中途测试、挤水泥、打捞井下落物、处理井下事故等特殊作业。

67．钻柱在钻进和起下钻时，受力严重的部位有哪些？简单分析其原因。

答：(1) 钻进时，钻柱的下部受力最为严重。因为钻柱同时受到轴向压力、扭矩和变曲力矩的作用，更为严重的是自转时存在剧烈的交变应力循环，以及钻头突然遇阻、遇卡，会使钻柱受到的扭矩大大增加。

(2) 钻进时和起下钻时，井口处钻柱受力复杂，起钻、下钻时井口处钻柱受到最大拉力，如果起钻、下钻时猛提、猛刹，会使井口处钻柱受到轴向拉力大大增加。钻进时，井口处钻柱所受拉力和扭力都最大，受力情况也比较严重。

(3) 钻进时由于地层岩性变化，钻头冲击和纵向振动等因素的存在，使得钻压不均匀，因而使中和点位置上下移动，这样在中和点附近的钻柱就受到交变载荷的作用。

68．什么是加厚钻杆？钻杆螺纹连接为什么要加厚？有几种加厚形式？

答：钻杆本体与接头过渡部分扩大外径与缩小内径尺寸称为钻杆加厚。

为了弥补螺纹削弱的强度而进行加厚。加厚的形式分外加厚、内加厚、内外加厚三种形式。外加厚采用内平螺纹，内加厚采用贯眼和正规螺纹两种，内外加厚采用内平螺纹或贯眼螺纹两种。

69．什么是内平式接头、贯眼式接头、正规式接头？各有什么特点？

答：内平式接头主要用于外加厚钻杆，其特点是钻杆内径、管体加厚处内径与接头内径相等，钻井液流动阻力小，有利于提高钻头水功率，但接头外径较大，易磨损。

贯眼式接头适用于内加厚钻杆，其特点是钻杆有两个内

径，接头内径等于管体加厚处内径，但小于管体部分内径。钻井液流经这种接头时的阻力大于内平式接头，但其外径小于内平式接头。

正规式接头适用于内加厚钻杆。这种接头的内径比较小，小于钻杆加厚处的内径，所以正规接头连接的钻杆有三种不同的内径。钻井液流过这种接头时的阻力最大，但它的外径最小、强度较大。正规接头常用于小直径钻杆和反扣钻杆，以及钻头、打捞工具等。

70．接头数字（410、421、631）各代表什么意思？

答：410 表示 $4^1/_2$in 内平内螺纹。421 表示 $4^1/_2$in 贯眼外螺纹。631 表示 $6^5/_8$in 正规螺纹。

第一位数表示接头公称尺寸。

第二位数表示扣型，1 表示内平、2 表示贯眼、3 表示正规。

第三位数表示外螺纹、内螺纹，1 表示外螺纹，0 表示内螺纹。

71．什么是粗螺纹？什么是细螺纹？各适应哪些连接？

答：每英寸螺纹数少于 6 的称为粗螺纹，多于或等于 6 的称为细螺纹。粗螺纹多用于活接部位，如用于钻杆与方钻杆、钻铤与钻杆，以及钻杆与钻杆的连接，细螺纹用于钻杆与接箍或接头的死接部位。

72．钻具粗螺纹连接形式有几种？钻具粗螺纹连接的工作要求是什么？

答：钻具粗螺纹连接形式有三种：内平螺纹连接、贯眼螺纹连接、正规螺纹连接。

钻具粗螺纹连接的工作要求：具有高抗拉抗扭强度密封性。

73．钻具螺纹为什么要进行磷化处理？

答：磷化后的螺纹可除去加工瘤，并形成表面磷化膜，起到藏油防止生锈、防止粘扣的作用。

74．钻柱的防斜结构有哪几种？

答：钻柱的防斜结构可分为两种基本组合：满眼钻具组合和钟摆钻具组合。

75．钻具折断的一般规律是什么？

答：钻具折断分为自然折断和偶然折断两大类。

属于自然折断的：钻柱部件、钻具几何尺寸、结构变化形成应力集中过渡处；各种不同规格钻具过渡、粗螺纹连接、钻杆本体与加厚和接头衔接过渡处；承受悬重与扭矩最大的井口附近钻柱部分；承受拉伸压缩扭转剪切交变复合应力破坏的中和点上、下浮动区；井身质量低劣，遇阻、遇卡，产生键槽狗腿处；卡瓦大钳在钻杆管体上咬伤与被腐蚀的伤痕处。

属于偶然折断的：钻井作业违反操作规程，猛提、猛放、溜钻、顿钻、转速不当、蹩跳、强钻等动载冲击；粗螺纹连接密封不严，钻井液刺穿、循环短路、误检、漏检、质量不符合标准；钻具制造缺陷，焊口材质性能变化等。

76．钻具粘扣的原因是什么？如何防止钻具粘扣？

答：原因：新接头未磨扣下井：螺纹刷洗不净、涂油不匀；未按规定扭矩紧扣；螺纹光洁度不够，有毛刺和用柴油洗后没用清水冲净柴油。

防止措施：新接头磨扣，螺纹清洗干净，螺纹油涂抹均

匀，按规定扭矩上紧螺纹，不能用柴油冲洗螺纹。

77．钻具上下钻台有什么要求？

答：钻具上下钻台必须带好护丝，用气动（电动）绞车抬放。

78．什么是钻柱的中和点？有何意义？

答：钻进过程中，由于通过钻柱给钻头施加一定的钻压，使下部钻具受压，上部钻具受拉，那么有一个点钻具既不受压力，也不受拉力，该点则称为钻具的中和点。中和点是钻柱受拉与受压的分界点，是确定钻铤长度的依据。

79．确定钻铤长度的原则是什么？

答：确定钻铤长度的原则是：保证在最大钻压时钻杆不承受压缩载荷，即保持中和点始终在钻铤上。

80．下井钻具应丈量记录哪些内容？

答：下井钻具应丈量记录的内容有钻具的长度、外径、内径、扣型等。

81．各种钻具的校直标准是多少？

答：由于各种钻具的种类和规范不同，其校直标准也不同（表3–1）。

表3–1　各种钻具校直标准

名称	规格	全长最大允许弯曲距离，mm	每米允许最大弯度，mm	两端允许弯度（3m内）（°）
方钻杆		3	1	
钻铤		3		1.5
钻杆		4		2
		5		3

82. 方钻杆的结构、作用、工作特点各是什么？

答：结构：方钻杆由方体（四方、六方两种为主），两端有圆柱接头，上端是反扣内接头，下端是正扣外接头。

作用：方钻杆处在钻柱的最上端，与水龙头连接，下部与钻杆连接，主要作用是传递动力扭矩，在转盘带动下旋转。

工作特点：

（1）因它处在钻柱最上部，所以承受全井钻柱重量，承受最大抗拉负荷；

（2）因它在转盘带动下旋转，所以承受扭矩最大；

（3）因它工作繁重，所以要求它具有较高的强度，它的壁厚一般是钻杆壁厚的 4 倍以上。

83. 常用的方钻杆都是什么规范的？单根长度是多少？都是什么扣型的？

答：方钻杆的规范、单根长度、扣型见表 3–2。

表 3–2 方钻杆的规范、单根长度、扣型

规范，in	单根长，m	扣型	备注
$3^1/_2$	12.19	420 × 211 330 × 211	上部接头反扣
$4^1/_4$	16.46	630 × 411	上部接头反扣
$5^1/_4$	16.46	630 × 411	上部接头反扣

84. API 钻杆钢级代号有哪几种？

答：API 规定的钻杆钢级有 D 级、E 级、95（X）级、API105（G）级和 135（S）级共 5 种，常用的钢级是 105（G）级。

85．钻杆的作用是什么？常用钻杆规范有哪些？单根长度是多少？扣型是什么？

答：钻杆是钻柱的基本组成部分，主要用来传递扭矩，连接与增长钻柱，加深井深，输送钻井液，常用钻杆规范见表3–3。

表3–3　常用钻杆规范

规范，in	单根长，m	扣型	备注
$2^7/_8$	9.5、12	210×211	
$4^1/_2$	8，9，9.5，12	410×411	
5	9.5	410×411	

86．常用哪几种规范的反扣钻杆？反扣钻杆配合什么工具使用？起到什么作用？

答：常用的反扣钻杆都是内平无细螺纹，其规范有三种：

（1）$2^7/_8$in、9.5m、12m；

（2）$4^1/_2$in、9.5m；

（3）5in、9.5m。

反扣钻杆配合公锥、母锥倒扣使用，起到打捞钻具，井中钻具卡钻倒扣解卡的作用。

87．$4^1/_2$in和5in钻杆每米质量和壁厚是多少？

答：$4^1/_2$in钻杆每米质量29.756kg，壁厚10.922mm。5in钻杆每米质量29.01kg，壁厚9.19mm。

88．$4^1/_2$in外加厚钻杆的本体及加厚部分外径及所使用吊卡内径是多少？

答：$4^1/_2$in外加厚钻杆的本体外径114.3mm，加厚部分外

径127mm。使用吊卡内径上131mm，下180mm。

89．钻铤的特点和作用是什么？

答：钻铤的主要特点是壁厚大（一般为38～53mm，相当于钻杆壁厚的4～6倍），具有较大的重量和刚度。

钻铤的作用是：

（1）给钻头施加钻压；

（2）保证压缩条件下的必要强度；

（3）减轻钻头的振动、摆动和跳动等，使钻头工作平稳；

（4）控制井斜。

90．为什么大尺寸钻铤（8in、9in）与方钻杆上部反扣接头都采用正规扣型？

答：因为大尺寸钻铤（8in、9in）又重又大，它与方钻杆上部反扣接头承受扭矩大，而正规扣型连接强度高，承受扭矩大，所以要采用正规扣型。

91．螺旋钻铤、无磁钻铤各起什么作用？

答：螺旋钻铤既可用于打直井，也可用来打定向井。

无磁钻铤用来打定向井，因为打定向井需要下测斜仪器，不能受磁性干扰。

92．API规范的$5^3/_4$in、$6^1/_4$in、7in钻铤的内径及每米质量是多少？

答：$5^3/_4$in钻铤内径71.44mm，每米质量99.50kg，$6^1/_4$in钻铤内径74.44mm，每米质量123.56kg，7in钻铤的内径71.44mm，每米质量163.20kg。

93．钻杆的破坏包括哪些情况？

答：钻杆的破坏多属于下列情况：

（1）大多数钻杆的破坏是发生在钻柱旋转或从井底提升

钻柱时。

(2) 大多数破坏发生在距接头 1.2m 以内的地方。

(3) 钻杆的破坏常与钻杆内表面有严重的腐蚀斑痕有关。

(4) 从钻杆外表面开始发生破坏，一般与钻杆表面的伤痕有关。

94．疲劳破坏可分为哪三种类型？

答：(1) 纯疲劳破坏——这种破坏事先没有任何明显的原因。

(2) 伤痕疲劳破坏——伴随着机械伤痕而产生的破坏。

(3) 腐蚀疲劳破坏——由腐蚀引起初始伤痕的破坏。

95．纯疲劳破坏与哪些因素有关？

答：纯疲劳破坏与以下因素有关：

(1) 钻杆的尺寸及钢材性能。

(2) 狗腿的严重程度。

(3) 在狗腿处，钻杆承受的拉伸负荷。

96．伤痕疲劳破坏包括哪几种情况？

答：(1) 钻杆上的钢印。

(2) 电弧烧伤。

(3) 胶皮护箍细槽。

(4) 大钳伤痕。

(5) 卡瓦伤痕。

(6) 地层和井内金属碎块对钻柱表面的切割伤痕。

97．钻铤的疲劳破坏与钻杆的疲劳破坏有什么不同？

答：钻铤在弯曲状态下旋转时也容易产生疲劳破坏，但是它与钻杆有所不同。对钻杆来说，由于接头强度较高，刚

度较大，因而弯曲常集中在接头附近的钻杆体上。疲劳破坏一般发生在距接头1.2m以内的地方，而对钻铤来说，钻铤体的刚度比接头大，应力集中在强度较弱的接头上。因此，大部分钻铤断裂均发生在接头处。

98．接头有哪些种类？

答：接头有如下四种类型：工具接头、配合接头、保护接头和特种接头。

保护接头——方钻杆、涡轮、螺杆动力钻具的连接接头。

特种接头——单流阀接头、防喷接头、方接头等。

工具接头——与钻杆体（钻铤）连接，且能变换扣型的钻具接头。

配合接头——连接不同类型、规范、扣型，将钻具组成钻柱的接头称为配合接头。

99．接箍的作用是什么？为什么要使用配合接头？

答：接箍两端为细内螺纹，扣型与钻杆细螺纹相同。它把单根的钻杆连接成不常拆卸的双根。

组成整套钻柱的各个钻具的螺纹，往往不能直接相连接，如水龙头、方钻杆、钻杆及接头、钻铤和钻头等螺纹，经常是不同直径、不同扣型和不一定恰好是一外螺纹、一内螺纹相对着的，这就需要使用配合接头连接。

100．如何识别不同尺寸、不同类型的接头？

答：一般先看接头体上的标记槽，正扣接头为一道槽，反扣接头为两道槽。在标记槽内有钢字码打的具体的尺寸与类型代号，如果在没有钢字码或看不清的情况下，就要测量接头的有关尺寸。一般用外卡尺量外螺纹接头大端直径，用内卡尺量内螺纹接头端面镗孔直径，然后将测得的数据与有关尺寸相对照，就得出接头的尺寸和类型。另外，还可以用接头尺直接测出接头的尺寸和类型。

101．钻柱中常用哪几种扶正器？

答：钻柱中采用的扶正器有多种，应根据不同的地质条件和工艺要求而选用。通常使用的扶正器有刚性稳定器、不转动橡胶套稳定器和滚轮稳定器三种如表 3–4。

表 3–4　稳定器基本类型

刚性稳定器				不转动橡胶套稳定器	滚轮稳定器
螺旋叶片		直叶片			
短形	长形	短形	长形		
	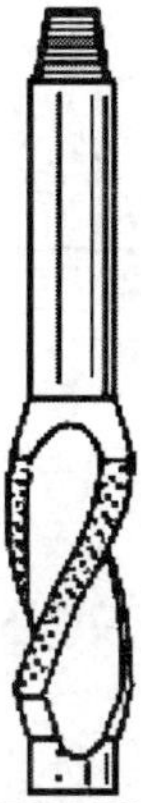	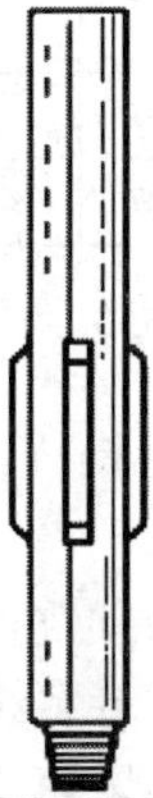			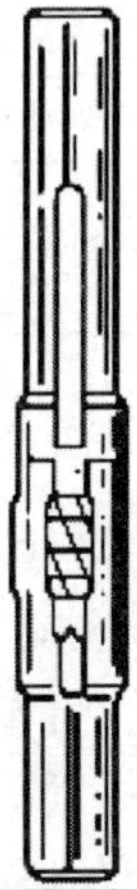

102．什么是井下四器？什么是钻柱下部组合？

答：稳定器、减振器、随钻（上、下）震击器和悬浮器称为井下四器。

井下四器与钻铤、加重钻杆按照钻井的不同要求安装在钻柱下部不同位置，统称为钻柱下部组合。

103．钻杆的报废标准是如何规定的？

答：钻杆有下列情况之一时，应予报废：

（1）本体折断。

（2）本体刺穿。

（3）本体胀裂。

（4）本体扭曲或严重弯曲，经过校直仍无法达到表 3–5 允许的直线度。

表 3–5　钻杆允许直线度

<table>
<tr><th rowspan="2">长度，m</th><th colspan="2">全长允许直线度，mm</th><th colspan="2">两端 3m 内允许直线度，mm</th><th colspan="2">每米直线度，mm</th></tr>
<tr><th>校直</th><th>使用</th><th>校直</th><th>使用</th><th>校直</th><th>使用</th></tr>
<tr><td>6 ~ 8</td><td>< 3.0</td><td>< 4.5</td><td>< 1.5</td><td>< 2.0</td><td rowspan="3">< 1.5</td><td rowspan="3">< 2.0</td></tr>
<tr><td>8 ~ 12</td><td>< 4.0</td><td>< 6.0</td><td>< 2.0</td><td>< 3.0</td></tr>
<tr><td>> 12</td><td>< 5.0</td><td>< 7.5</td><td>< 3.0</td><td>< 4.4</td></tr>
</table>

（5）水眼堵塞，无法通开；

（6）被火烧过或被硫化氢污染，经过检验发现材质或机械性能变化；

（7）两端加厚部分的任一端有效长度不足 50mm；

（8）经过无损探伤发现有疲劳裂纹；

（9）钻杆管体磨伤报废条件见表 3–6。

表 3–6　钻杆管体磨伤报废条件

钻杆磨伤状况	报废条件
管体局部壁厚磨损	剩余壁厚小于壁厚的 62.5%

续表

钻杆磨伤状况	报废条件
管体加厚部位横向硬伤	深度大于 2mm，长度大于 20mm
管体加厚部位纵向硬伤	深度大于 2.5mm，长度大于 25mm
管体部位硬伤	深度大于 1.5mm，长度大于 15mm
管体腐蚀	剩余壁厚小于公称壁厚的 70%
塑形变形	有

104．钻铤报废标准是如何规定的？

答：钻铤有下列情况之一时，应予报废：

（1）弯曲，经过校直仍无法达到表 3–7 允许的直线度；

（2）水眼堵塞，无法通开；

（3）本体有夹层，无法切除；

（4）本体伤痕超过标准；

（5）均匀磨损或偏磨后，外径小于规定的倒角圆直径；

（6）经过多次修复的钻铤，全长小于 8.2m；

（7）螺旋钻铤外螺纹和内螺纹密封端面距螺旋终止端面小于 200mm。

表 3–7　钻铤允许直线度

钻铤长度，m	全长允许直线度，mm		两端 2m 内允许直线度，mm		每米直线度，mm	
	校直	使用	校直	使用	校直	使用
＜ 9	＜ 3.0	＜ 5.0	＜ 1.5	＜ 2.5	＜ 1.5	＜ 2.0
＞ 9	＜ 4.0	＜ 6.0	＜ 2.5	＜ 3.5		

105．方钻杆报废标准是什么？

答：方钻杆有下列情况之一时，应予报废：

（1）折断；

（2）本体弯曲，经过校直仍无法达到表 3–8 允许的直线度；

（3）本体刺穿；

（4）表面磨损后，不小于 133mm 的方钻杆的对边宽度减小量大于 10mm；不大于 108mm 的方钻杆的对边宽度减小量大于 6mm；

（5）经过无损探伤发现有疲劳裂纹；

（7）水眼堵塞，无法通开；

（8）方钻杆扭曲，用相应尺寸的方钻杆套筒量规通不过。

表 3–8　方钻杆允许的直线度　　mm

长度	校直	使用
全长	＜ 3.0	＜ 8.0
每米	＜ 1.0	＜ 1.5

106．加重钻杆报废标准是什么？

答：加重钻杆有下列情况之一时，应予报废：

（1）弯曲，经过校直仍无法达到表 3–5 允许的直线度；

（2）水眼堵塞，无法通开；

（3）本体折断；

（4）本体刺穿；

(5) 本体胀裂；

(6) 经过无损探伤发现有疲劳裂纹；

(7) 管体磨伤达到表 3-6 的报废条件。

第四部分　防斜打直井技术

107．什么是井深？

答：井深是指井口（通常以转盘面为基准）至测点的井眼长度，也有人称为斜深，国外称为测量井深。井深是以钻柱或电缆的长度来量测。井深既是测点的基本参数之一，又是表明测点位置的标志。

108．什么是井斜角？

答：沿井眼轴线上某点的切线与铅垂线之间的夹角称为井斜角。

109．什么是井斜方位角？

答：某测点处的井眼方向线投到水平面上，称为井眼方位线，或井斜方位线。以正北方位线为始边，顺时针方向旋转到井眼方位线上所转过的角度，称为井眼方位角。

110．什么是井斜变化率？

答：单位长度井段井斜角的变化值称为井斜变化率。

111．什么是方位变化率？

答：单位长度方位角的变化值称为方位变化率。

112．什么是水平位移？

答：井身上某点至井口铅垂线的距离，即在水平投影图上该点至井口的直线长度称为水平位移。

113．什么是全变化角？

答：井眼轴线上相邻两测点间井斜与方位的空间角变化值称为全变化角，有时也称为“狗腿”角。

114．什么是井眼曲率？

答：过井眼轴线相邻两测点所做的向井底方向延伸的切线之间的夹角与两测点间井段长度的比值称为井眼曲率。

115．井斜的危害有哪些？

答：(1) 对勘探工作的影响。井斜大了就会造成井深误差，使地质资料不真实，导致地质工作得出错误结论而漏掉油气层，这对小油田显得更为突出。如果井斜过大还会使井眼偏离设计井位，打乱油气田的开发布井方案，使采收率降低。

(2) 对钻井工作的影响。如果井斜过大，钻柱在狗腿井段旋转时要产生很大的弯曲变交应力，而使钻具疲劳破坏；在狗腿井段容易拉出键槽导致起下钻困难甚至卡钻；严重的狗腿有可能妨碍测井作业和下套管，并因环空水泥封固不匀而影响固井质量。

(3) 对采油工艺的影响。对于采油工艺来说，井斜过大就会影响井下的分层开采及注水工作，例如，下封隔器困难、封隔器密封不好等。对于抽油井常会引起油管和抽油杆的磨损与折断，甚至会造成严重的井下事故。

116．什么是井斜的标准？评定直井井身质量的项目有哪些？

答：井斜标准是指对直井井眼轴线偏斜程度的规定，井斜标准随不同地区的钻井条件和钻井技术水平的发展而有所不同。

直井井身质量控制项目包括：

(1) 数据采集间隔，m；

(2) 井斜角 α，(°)；

(3) 目标点水平位移 s，m；

(4) 全角变化率个 G，(°)/30m；

(5) 目的层平均井径扩大率 C_p，%；

(6) 井口倾斜角，(°)。

117．探井井身质量控制要求是什么？

答：(1) 数据采集间隔不大于 300m。

(2) 井斜角及水平位移不大于表 4–1 中的规定数值。

表 4–1 垂直探井井斜角及井底水平位移控制

井深，m	井斜角，(°)	井底水平位移，m
0~500	≤ 1	≤ 10
＞ 500~1000	≤ 2	≤ 30
＞ 1000~2000	≤ 3	≤ 50
＞ 2000~3000	≤ 5	≤ 80
＞ 3000~4000	≤ 7	≤ 120
＞ 4000~5000	≤ 9	≤ 160
＞ 5000~6000	≤ 11	≤ 200
＞ 6000~7000	≤ 12	≤ 240
＞ 7000~8000	≤ 14	≤ 290
＞ 8000~9000	≤ 16	≤ 350

(3) 全角变化率。实钻过程中如遇井斜超过表 4–1 的规定，应进行全井段连续数据复测，连续三点的全角变化率不应大于表 4–2 的规定数值。

表 4–2　垂直探井全角变化率控制

井深 m	井段，m						
	≤ 1000	≤ 2000	≤ 3000	≤ 4000	≤ 5000	≤ 6000	> 6000
≤ 1000	≤ 2.00°						
≤ 2000	≤ 1.75°	≤ 2.25°					
≤ 3000	≤ 1.50°	≤ 2.00°	≤ 2.50°				
≤ 4000	≤ 1.50°	≤ 1.75°	≤ 2.25°	≤ 2.75°			
≤ 5000	≤ 1.25°	≤ 1.75°	≤ 2.00°	≤ 2.50°	≤ 3.00°		
≤ 6000	≤ 1.25°	≤ 1.50°	≤ 2.00°	≤ 2.25°	≤ 2.50°	≤ 3.25°	
> 6000	≤ 1.25°	≤ 1.50°	≤ 1.75°	≤ 2.25°	≤ 2.75°	≤ 3.25°	≤ 3.50°

（4）目的层平均井径扩大率不宜大于 25%。

（5）井口倾斜角不大于 0.5°　。

118．垂直开发井井身质量要求是什么？

答：(1) 垂直开发井的水平位移通常以最底部一个储层的位移为准，实钻过程中水平位移的控制应不大于表 4–3 中的规定数值。

表 4–3　垂直开发井的水平位移控制要求

测量井深，m	水平位移，m
≤ 500	≤ 15
≤ 1000	≤ 30
≤ 1500	≤ 40
≤ 2000	≤ 50
≤ 2500	≤ 60
≤ 3000	≤ 75
≤ 4000	≤ 90
≤ 5000	≤ 120
≤ 6000	≤ 150

(2) 其他控制方法和要求同垂直探井。

119. 什么是平均井径扩大系数？什么是最大井径最大系数？

答：某井段的平均井径扩大系数等于该井段的实际平均井径和所用钻头名义直径的比值，即：

$$平均井径扩大系数=\frac{实际平均井径}{钻头名义直径}$$

实际平均井径应根据井径测量曲线用求积仪测算。

某井段的最大井径扩大系数等于该井段的实际最大井径和所用的钻头名义直径的比值，即：

$$最大井径扩大系数=\frac{实际最大直径}{钻头名义直径}$$

实际最大井径可从井径测量曲线上直接量测。

120. 井斜的原因有哪些？

答：井斜的原因有：

(1) 地层因素：

①倾斜的层状地层的影响；

②岩石软、硬交错对井斜的影响；

③地层各向异性对井斜的影响。

(2) 下部钻具弯曲。

(3) 其他因素：如设备安装质量不好、钻井操作水平不高及防斜措施不当等，也会使井钻斜。

121. 地层倾角影响井斜的一般规律是什么？

答：地层倾角影响井斜的一般规律为：

(1) 地层倾角小于45° 时，井眼轴线向地层上倾方向

偏斜。

（2）地层倾角大于60°时，井眼轴线向地层下倾方向偏斜。

（3）地层倾角在45°～60°之间时，井眼轴线偏离不定。

122．为什么下部钻具弯曲会导致井斜？

答：下部钻具在钻压的作用下发生弯曲是引起井斜的原因，其弯曲程度越严重，井斜也越严重，它对井斜的影响表现在以下两方面：

（1）下部钻具弯曲使钻头偏斜（相对于井眼轴线），其钻进的方向偏离原井眼轴线，直接导致井斜。

（2）下部钻具弯曲使钻压改变了作用方向，即不再沿井眼轴线方向施加给钻头，而是偏斜了一个角度，即钻头偏斜角，从而产生一个引起井斜的横向斜力。

下部钻具组合自身的特性（包括与井眼的间隙）及钻压决定它的弯曲程度和对井斜的影响。

123．什么是满眼钻具？满眼钻具的防斜原理是什么？

答：满眼钻具一般由3～5个外径与钻头直径较接近的稳定器和一些外径较大的钻铤组成。它的防斜原理基本上有两条：一是由于此种钻具比光钻铤的刚度大，并能填满井眼，在大钻压下不易弯曲，能保持钻具在井内居中，减小钻头倾斜角，减小和限制由于钻柱弯曲产生的增斜力；二是在地层横向力的作用下，稳定器能支撑在井壁上，限制钻头的横向移动，同时能在钻头处产生一个抵抗地层力的纠斜力。

124．满眼钻具在什么情况下使用？

答：满眼钻具在垂直或接近垂直井眼中，能保持刚直居

中状态，使钻头沿着铅垂方向钻进。在易斜地层中，满眼钻具能够限制井斜的增大或减小速度，使井眼不至于出现严重狗腿或键槽。

125. 确定满眼钻具稳定器位置的原则是什么？

答：(1) 靠近钻头的稳定器应采用井底型稳定器并紧接钻头，其间不应加装配合接头或其他工具（如打捞杯等）。

(2) 确定中稳定器和上稳定器理想安放高度的原则是尽量减小下部钻柱弯曲变形，从而使钻头偏斜角和作用在钻头上的弯曲偏斜力为最小。

126. 满眼钻具使用的技术要点有哪些？

答：(1) 下井前要认真检查稳定器和钻头尺寸，如磨损过大应立即更换，以保证稳定器与井眼的间隙符合设计要求。一般情况下，近钻头稳定器和中稳定器直径与钻头直径的差值应不大于3mm，上稳定器直径与钻头直径的差值不大于6mm。

(2) 以快保满、以满保直。

(3) 合理加压、均匀送钻，正确处理好地层交界面。具体处理时应根据具体的地层条件选择适当钻压。在岩性由软变硬时采取减压扶正打窝窝的方法，修平井底后加足钻压钻进；岩性由硬变软时，钻进中采用平稳减压的方法；在钻到地层层交界面时，减压并加强划眼，及时修整交界面附近的井眼，防止出现狗腿。

(4) 井眼要直，注意测斜。

(5) 满眼钻具只能防斜和稳斜，不能纠斜。

127. 什么是塔式钻具？有什么特点？

答：塔式钻具主要由直径不同的几种钻铤组成的钻柱下部组合，下部直径大，向上逐渐变小，呈宝塔形。

塔式钻具的特点是：下部钻柱的重量大、刚度大、重心低、与井眼的间隙小、钻头工作平稳。在斜直井段钻进时，能产生较大的钟摆减斜力进行纠斜。因此，所钻出的井眼比较规则，不易出现“狗腿”。特别是在一些井径易扩大的地层，当使用多稳定器满眼钻具效果不好时，使用塔式钻具往往能收到良好的效果。

塔式钻具也存在一些问题，例如，由于环空间隙小，循环时泵压高，转盘负荷可能增大，钻头易于泥包。在易塌地层及钻井液性能较差时，容易造成卡钻。由于钻铤尺寸不同，使得起下钻操作不太方便。

128. 什么是钟摆法纠斜？

答：钟摆法纠斜是利用“钟摆”原理纠斜的一种方法。其实质是通过使用专用的防斜钻具组合及相应的技术措施来增大钟摆减斜力，以平衡和克服促使井斜的地层力。钟摆钻具、偏重钻铤和塔式钻具纠斜都属于这种方法。

129. 什么是钟摆钻具？

答：在已斜井眼中，钻头以上、切点以下的一段钻铤犹如一个“钟摆”，钻头在这段钻铤的重力横向分力，即钟摆力作用下，靠向并切削下侧井壁，从而起到减小井斜角的作用。运用这个原理组合的下部钻具组合称为钟摆钻具。

130. 钟摆钻具纠斜原理是什么？

答：钟摆钻具在已斜井眼中，钻头以上、切点以下的一段钻铤优如一个“钟摆”，钻头在这段钻铤重力的分力，即钟摆力作用下，靠向并切削下侧井壁，从而起到减小井斜角的作用。在斜井眼中单一尺寸和复合钻铤柱就是最简单的钟摆钻具，在钻头之上合理位置安装一个稳定器作为支点的钟摆钻具有更大的降斜作用。

131．钟摆钻具组合形式主要有哪几种？

答：(1) 光钻铤钟摆钻具。光钻铤钟摆钻具的最下面1～2柱钻铤，在保证安全的情况下应尽量采用大外径厚壁钻铤，这不仅可以增大钟摆力，还可减小钻铤的挠度，有利于钻头工作稳定。

(2) 单稳定器钟摆钻具。稳定器的安放位置，应在保证稳定器以下的钻铤在纵横弯曲载荷作用下发生弯曲的最大挠度处不与井壁接触的前提下，尽可能地高些，以获得最大的钟摆减斜力。这种钟摆钻具组合的抗斜效果一般都优于无稳定器钟摆钻具组合。现场常用的钟摆钻具组合见表4–4。

表4–4 推荐的常用钟摆钻具组合

井眼直径，mm	稳定器高度，m
⩾ 339.72	≈ 36
244.47~311.15	≈ 27
193.67~244.47	≈ 18
⩽ 152.40	≈ 9

(3) 多稳定器钟摆钻具。为了增加下部钻柱的刚性及提高抗粘卡能力，可以采用多稳定器钟摆钻具组合，即在单稳定器钟摆钻具组合的支点稳定器之上，间隔一定长度（一般是一根钻铤单根）安放一只或多只稳定器。

132．如何合理使用钟摆钻具？

答：(1) 钟摆钻具主要用于纠斜或降斜，在直井中无防斜作用。

(2) 在钟摆钻具结构确定后，减斜效果主要受钻压大

小的制约，钻压越大钻头上的造斜力越大，相应地减斜力变小；钻压过大还会在扶正器下面形成新切点而使稳定器失效，故在操作中必须严格控制钻压。

(3) 钟摆钻具在直井内无防斜作用，不能像满眼钻具那样有效地控制井斜变化率。在地层倾角很大的严重易斜地层，在增加压力以提高钻速的情况下，增斜力往往大于减斜力，因此不得不使用小钻压钻进，从而使钻速显著降低。

133．什么是偏重钻铤？偏重钻铤的使用特点有哪些？

答：偏重钻铤是在普通的钻铤一侧（一条母线上）钻出一排坑，使这一侧质量减小，从而另一侧形成偏重，这样可利用该钻铤旋转时的离心作用进行防斜和纠斜。

偏重钻铤的使用特点如下：

(1) 在易斜地区钻井，无论在开钻时或在钻开易斜井段前使用偏重钻铤，都要取得良好的防斜效果。它既能用于防斜，也可用于纠斜，并能在较高钻压下工作，取得较好的效果。

(2) 偏重钻铤具有结构简单、使用方便等特点，一般在使用时直接与普通钻铤相连即可，无需安装稳定器，便于起下钻。

(3) 在狗腿、键槽、易卡、易漏等复杂井段，使用偏重钻铤比满眼和钟摆钻具安全可靠。这是由于其与井眼的间隙较大，从而减少了出现井下复杂情况的可能性，例如，在易漏井段，使用满眼钻具时间间隙小、循环泵压高，容易引起井漏，偏重钻铤则不会出现这种危险。

(4) 使用偏重钻铤要特别注意防止其泥包，以免影响防斜效果。

134. 什么是动力钻具定向纠斜？

答：动力钻具定向纠斜是利用动力钻具加弯接头或弯钻杆组成的钻柱组合向原井斜的相反方位造斜，以达到纠斜的目的。

135. 动力钻具定向纠斜的应用范围是什么？

答：(1) 在一些严重易斜地层，井斜角较大，用一般的纠斜方法难以控制时，可用动力钻具定向纠斜方法。

(2) 当井斜过大，需要把原井眼堵死，重新侧钻新井眼，然后继续钻时，可用动力钻具定向纠斜方法。

(3) 纠斜部位可以从井底开始，也可在上部井段进行侧钻纠斜。

136. 动力钻具定向纠斜的注意事项有哪些？

答：(1) 定向一定要准确，弯接头的弯曲方位与原井斜的方位相差 180°。

(2) 开始纠斜时，要用轻压，控制钻速，造出台阶，然后再正常钻进。

(3) 不宜用大弯度的弯接头，避免因弹性力矩过大而出现狗腿。

(4) 用动力钻具定向纠斜时，实际降斜率应控制在 (0° 30′ ~ 1°) /10m 的范围内。当井斜角降至 2° 左右时，即可换用其他钻具正常钻进。

第五部分　喷射钻井技术

137．什么是喷射钻井？

答：喷射钻井就是利用钻井液流经钻头喷嘴所形成的高压射流充分地清洗井底，使岩屑避免重复切削，并与机械作用联合破碎岩石，达到提高钻速的先进钻井技术。

138．我国喷射钻井经历了哪几个阶段？

答：我国从 1978 年组织推广喷射钻井新技术，先后经历了以下三个阶段：

第一阶段：泵压 10 ～ 12MPa，为喷射钻井的初级阶段。喷射速度一般是 95 ～ 105m/s，平均机械钻速 6m/h，钻一口 3100m 的井平均需要 32d。

第二阶段：泵压 14 ～ 15MPa，为喷射钻井的中级阶段。喷射速度一般为 125m/s，平均机械钻速 10m/h，钻一口 3100m 的井平均需要 23d。

第三阶段：泵压 18 ～ 20MPa，为喷射钻井的高效率阶段。喷射速度一般为 145 ～ 165m/s，平均机械钻速 14m/h，钻一口 3100m 的井平均需要 14.5d。

139．喷射钻井的实质是什么？

答：喷射钻井的实质是：在一定的机泵件和井深结构、钻具结构等条件下，按井段优选排量（缸套直径）和喷嘴直径；在较高泵压下使泵功率充分发挥，合理分配，使钻头压

力降及钻头水功率占泵压及泵功率一半以上。使用喷射式钻头，改善井底流场，提高水力清洁效率，使水力作用和机械破碎相结合，提高钻速与钻头进尺。要求喷速大于100m/s，冲击力约3000N。使用优质轻泥浆和固控设备，采用0.6~0.8m/s的低返速。其中，对“泵功率的充分发挥，合理分配”至为重要，是喷射钻井的关键。

140．喷射钻井为什么可以提高机械钻速？

答：喷射钻井可以获得较高的机械钻速，其主要原因如下：

（1）喷射钻井可以充分净化井底，消除重复切削；

（2）保持和扩大预破碎带裂缝；

（3）直接水力破碎。

141．喷射钻井和普通钻井相比较具有哪些特点？

答：喷射钻井的特点可概括为三大、三小、三高、两合理，即喷嘴水功率、喷速、冲击力大；排量、喷嘴直径、环空返速小；喷嘴压降、总泵压、泵功率高；压力分配比和功率分配比合理。

142．喷射钻井对射流水力特性的要求是什么？

答：喷射钻井对射流水力特性的要求是：

（1）射流的等速核越长越好；

（2）射流的扩散角越小越好；

（3）喷嘴流量系数越大越好。

143．把岩屑从井底携带出地面要经过哪几个过程？

答：把岩屑从井底携带出地面要经过三个过程。首先是使破碎的岩屑离开基岩母体，然后是岩屑在井底被推移，最后由上返钻井液将其从环空中举升出地面。

144．影响井底清洁的因素是什么？

答：影响井底清洁的因素是：

（1）静压持效应。所谓静压持效应，是指静液柱压力加上环空回压之和大于地层孔隙中的流体压力（地层压力）时，对井底岩屑施加的静压力。对于渗透性地层，静压持效应的影响特别明显。由于井底压差的存在，将岩屑压在井底形成“垫层”，使钻头工作刃难以接触井底新地层，从而消耗较大的功率对井底垫层进行再次破碎（重复切削）。

（2）动压持效应。由于牙轮钻头的旋转，当前一个牙轮破碎的岩屑从井底上升时，其中一部分往往被后一个牙轮重新压在井底，这就是所谓的“动压持效应”。

145．射流的水力作用有哪些？

答：射流的水力作用有三种：

（1）有效地净化井底。射流对井底有两种净化作用：冲击压力作用和漫流横推作用。

（2）保持和扩大预破碎带裂缝。

（3）直接水力破碎。

146．喷射钻井的四种工作方式是什么？

答：喷射钻井的四种工作方式是：

（1）最大水功率工作方式；

（2）最大冲击力工作方式；

（3）最大喷射速度理论；

（4）经济水马力工作方式。

147．什么是最大水功率工作方式？

答：在一定的条件下，经过优选排量和喷嘴直径，当钻头压力降和泵压比值等于2/3时，该排量是最优排量，该喷

嘴直径最合适。这时喷嘴水功率为最大值，钻进指标也好。在该条件下，使用这样优选的排量和喷嘴直径所获得的全套水功率参数进行工作就是最大水功率工作方式。

148．什么是最大冲击力工作方式？

答：射流对井底的冲击力是决定钻进指标的关键性因素。在一定条件下经过优选排量和喷嘴直径，当喷嘴压降和泵压分配比值等于1/2时，该排量是最优排量，该喷嘴直径最合适。这时冲击力为最大值，钻进指标也好。在该条件下，使用这样优选的排量和喷嘴直径所获得的全套水力参数进行工作就是最大冲击力工作方式。

149．喷射钻井中泵的功率分配关系是什么？

答：泵的实用功率＝循环系统压力损耗功率＋喷嘴水功率

150．喷射钻井中压力分配关系是什么？

答：泵的总压力＝循环系统的压力损耗＋喷嘴压降

151．喷射钻井对钻井液性能有什么要求？

答：喷射钻井对钻井液性能的要求是：

（1）固相含量要低；

（2）具有良好的剪切降粘特性；

（3）要求环形空间的钻井液呈平板型层流。

第六部分　定向井

152．什么是定向钻井？

答：使井身沿着预先设计的方向和轨迹钻达目的层的钻井工艺方法称为定向钻井。

153．定向井的使用范围是什么？

答：(1) 地面条件的限制。当地面上是高山、湖泊、沼泽、河流、沟壑、海洋、农田或重要的建筑物等，难以安装钻机进行钻井作业时，或者安装钻机和钻井作业费用很高时，最好是钻定向井。

(2) 地质条件的要求。对于断层遮挡油藏，钻定向井比钻直井可发现和钻穿更多的油层；对于薄油层，定向井和水平井比直井的油层裸露面积要大得多。另外，侧钻井、多底井、分支井、大位移井、侧钻水平井、径向水平井等定向井的新种类，显著地扩大了勘探效果，增加了原油产量，提高了油藏的采收率。

(3) 钻井技术的需要。当井下落物最终无法捞出时，可从上部井段侧钻打定向井；特别是遇到井喷着火常规方法难以处理时，在事故井附近打定向井（称为救援井）与事故井贯通，进行引流或压井，从而处理井喷着火事故。

154．根据轨道的不同定向井分几大类？

答：根据轨道的不同定向井可分为二维定向井和三维定

向井两大类。

155．什么是二维定向井？什么是三维定向井？

答：所谓二维定向井是指设计的轨道都在一个铅垂平面上变化，即设计轨道只有井斜角的变化而无井斜方位角的变化。常规二维定向井的井段形状都是由直线和圆弧曲线组成。

三维定向井：井眼轴线在三维空间变化的定向井，井斜变化，方位变化，可分为三维纠偏井和三维绕障井。

156．按照井斜角的大小可将定向井分为哪几类？

答：按井斜角定向井可分为：小倾角定向井，井斜小于15°～30°；中倾角定向井，井斜30°～60°；大倾角定向井，井斜大于60°。

157．评定定向井井身质量的控制项目有哪些？

答：定向井井身质量控制项目包括：

(1) 数据采集间隔，m；

(2) 靶区半径，m；

(3) 全角变化率 G，(°)/30m；

(4) 目的层平均井径扩大率 C_p，%；

(5) 井口头倾斜角，(°)。

158．三段制定向井包括哪些井段？

答：三段制定向井包括直井段、造斜段、稳斜段。

159．什么是造斜？

答：所谓造斜就是利用造斜工具钻出一定方位的斜井段的工艺过程。

160．常用的造斜方法有几种？

答：目前，常用的造斜方法有两种，即井下动力钻具带

弯钻具造斜和转盘钻具与稳定器组合钻具造斜。

161．常用的造斜工具有哪些？

答：常用的造斜工具有弯接头、非磁性钻铤、稳定器、变向器、井下动力钻具。

162．井下动力钻具带弯接头造斜的钻具结构及工作原理是什么？

答：井下动力钻具带弯接头造斜。钻具结构为：钻头＋井下动力钻具＋弯接头＋无磁钻铤＋钻铤＋钻杆。

工作原理：弯接头以下的钻柱轴线与其上部的钻柱轴线不相重合。入井前，钻柱保持原来的弯曲状态。入井后，钻柱的弯曲受到井壁的限制，迫使钻具产生弹性形变和弹性力矩。在弹性力矩作用下，钻头被迫对井壁施加侧向力（斜向力）。另外，由于钻头轴线与井眼轴线始终不在一条直线上，钻进时，钻头在井底始终产生不对称切削。因此，随着井眼的加深，井身就沿着一定方向偏斜，而钻出斜井眼。

163．转盘钻稳定器组合钻具造斜的钻具结构及工作原理是什么？

答：转盘钻稳定器组合钻具造斜的钻具结构为：钻头＋近钻头稳定器＋无磁钻铤＋钻铤＋稳定器＋钻铤＋稳定器＋钻铤＋随钻震击器＋钻杆。

工作原理：这套钻具无法定向，只在已斜井段进行增斜，故该套钻具结构又称为增斜钻具结构。增斜钻具产生斜向力的原理是利用近钻头稳定器作支点，由杠杆原理使钻头产生斜向力，随着井眼的加深，井身就沿着一定方向偏斜而钻出斜井眼。

第七部分　取心钻井

164. 什么是岩心收获率？

答：所谓岩心收获率是指实取岩心的长度与取心进尺数比值的百分数。

$$岩心收获率=\frac{实取岩心长度（m）}{取心进尺数（m）}\times 100\%$$

165. 取心钻进过程包括哪几个环节？取心工具主要由哪几部分组成？

答：取心钻进过程包括钻出岩心、保护岩心、取出岩心三个主要环节。为了完成这三个环节，取心工具一般都包括取心钻头、岩心筒、岩心爪、扶正器和悬挂装置等部件。

166. 取心钻头的功用是什么？常用取心钻头的类型？

答：取心钻头的功用是环形破碎地层，形成岩心。

常用的取心钻头的类型：PDC−Z 型取心钻头、三角聚晶取心钻头、圆柱聚晶单锥取心钻头、SLY− Ⅱ型取心钻头、SLY−I 型取心钻头、SLY−I 型取心钻头。

167. 岩心筒的作用是什么？取心工艺对其有什么要求？

答：除地质构造钻探的轻便钻井使用单岩心筒取心外，

石油钻井常用的岩心筒由内岩心筒和外岩心筒组成。

内岩心筒的作用是存储及保护岩心。取心工艺要求内岩心筒无弯曲变形，内壁光滑，管壁要薄些，但要有足够的强度和刚性。

外岩心筒的作用是在取心钻进时承受钻压，传递扭矩带动钻头旋转及保护内岩心筒。因此，要求外岩心筒强度大、无弯曲变形，常用厚壁优质钢材加工制成。

168. 岩心爪的作用是什么？有哪些类型？

答：岩心爪的作用是割取岩心和承托已割取的岩心柱。

岩心爪有卡箍式、卡板式、卡瓦式、卡簧式等多种形式，如图 7-1 所示。岩心爪的类型可通过不同地层岩性来选择，在松软地层中取心，一般选用一把抓式岩心爪。卡簧式岩心爪在石油钻探中很少使用。在胶结较好的硬或中硬地层取心时，岩心强度较高，一般采用卡板式岩心爪。

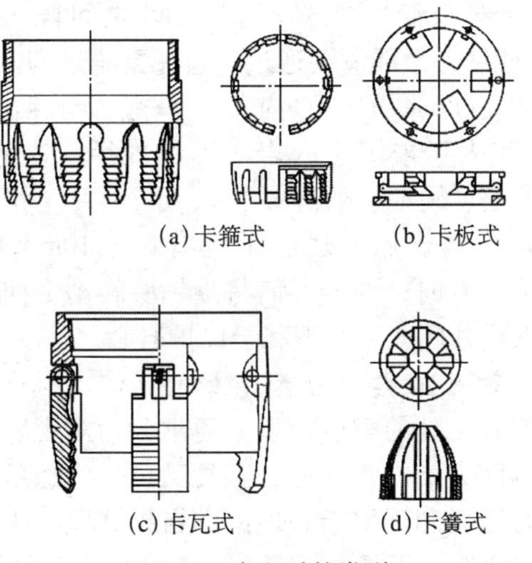

图 7-1　岩心爪的类型

169. 回压阀的作用是什么？

答：回压阀是装在内岩心筒上面的一个单流阀，用以防止钻井液自上面冲刺岩心，起到保护岩心的作用。同时岩心顶部的钻井液还可以从阀内排出，保证岩心能顺利进入岩心筒。

170. 取心工具各部分的配合有哪些基本要求？

答：(1) 钻头与外岩心筒：在松软和易塌地层，钻头与外岩心筒的直径差值不宜太小，以免由于外岩心筒与井壁间隙太小，引起泵压太高，井底清洗不净，甚至造成卡钻等井下事故。在易斜地层，间隙值可适当减小，以利防斜。

一般来说，取心钻头的外长应小于或等于全面钻进钻头的尺寸，并大于外岩心筒接头外径 10 ~ 20mm。它的内径应根据岩性不同，合理选择，一般比内岩心筒内径小 5 ~ 10mm。

(2) 内岩心筒、外岩心筒之间的间隙一般为 10 ~ 20mm，保证钻井液能顺利通过，避免泵压过高。

(3) 岩心爪张开时的内径，一般大于钻头内径 5 ~ 10mm，应稍大于或等于内岩心筒的内径。在易膨胀地层，差值可大一些，硬地层酌情减小。

(4) 钻头内台肩与岩心爪应有 5 ~ 10mm 的间隙。此间隙太小或为 0 时，内岩心筒将随钻头转动；如果此间隙太大，岩心爪距井底太远，不利于保护岩心。

171. 取心工具的类型有哪些？

答：取心工具的类型较多，通常分为常规取心工具和特殊取心工具两大类。常规取心工具又可分为适用于软地层的加压式取心工具和适用于硬地层的自锁式取心工具；特殊取心工具有密闭取心工具、保压取心工具、定向取心工具等。

172. 加压式常规取心工具的特点是什么？

答：加压式常规取心工具特点是：

(1) 取心钻头为切削型，机械钻速高。

(2) 岩心筒为双筒单动悬挂式，有的内岩心筒具有内洗式结构，即取心钻进前可以通过内岩心筒循环钻井液，冲洗内筒，清洗井底，不仅保证内岩心筒清洁，有利岩心入筒，而且可使工具一次下钻到底，开泵顺利。

(3) 岩心爪为加压式，其内径比岩心直径大 10mm 左右，只有在专门的加压机构作用下才能变形，且呈一次性收缩。

(4) 在取心工具的上部配有必备的差动加压装置作为加压割心机构。

(5) 长筒取心时，配有钻进中途接单根的专用装置——滑动接头，以实现钻头不离井底接单根。

173. 加压式常规取心工具的使用要求有哪些？

答：(1) 准备工作要完善，工具与钻头的选择要符合取心目的及取心层位，要有尽可能详细、准确的取心地层预告；井身质量、钻井液性能应符合设计要求；设备、仪表工作正常；井底无金属落物；全部在用钻具水眼直径应大于 55mm，以保证钢球顺利通过。

(2) 工具检查要严格，工具与配件应符合图纸要求；装配后在工具悬吊的情况下以手转动内筒为合格；工具装配的轴向间隙为 15 ~ 20mm（长筒取心时为 15 ~ 30mm）；加压接头、滑动接头和转换接头滑动灵活、可靠。

(3) 起下钻操作要平稳，应控制速度，严禁猛提、猛刹、猛放；下钻遇阻不得超过 30kN，不准用取心钻头划眼强下；起钻过程中应连续向井眼灌满钻井液。

（4）取心钻进要细心，钻进前，钻头不能接触井底，启动泵压不得过大，在转动钻具的情况下校对灵敏表；钻进时，轻启动，慢加压，均匀送钻；先用 10kN 钻压造心，进尺 0.3m 后再加至正常钻压（对疏松砂岩地层，一开始就加足钻压）；钻进中尽量做到不停泵、不停转、不上提、不溜钻、减少蹩跳钻；认真做好钻时记录，仔细观察机械钻速、泵压及转盘负荷的变化，及时分析判断井下情况。

（5）长筒取心时，接单根操作要准确，上提钻柱不能将钻头提离井底。

（6）割心前送球要到位，如果割心层位是疏松砂岩，不允许长时间开泵送球，以防冲坏岩心。

174. 自锁式常规取心工具适用什么地层？有哪些特点？

答：自锁式常规取心工具是中硬—硬地层取心的基本工具，成柱性较好的软地层也适用。

自锁式常规取心工具特点如下：

（1）取心钻头为微切削型或研磨型。

（2）岩心筒为双筒单动、螺纹连接、内洗式。外岩心筒由稳定器加厚壁管构成，刚度大，稳定性好，有利于长筒取心钻进。在破碎性地层取心时，还采用外返孔结构，以形成水力并联管路，保证取心钻进时有部分钻井液不通过钻头水眼，而径内筒自下而上，从工具上部返到环形空间，从而对岩心块产生一个向上的作用力（力的大小可通过变换外返孔嘴直径来调节），使岩心块被携带并悬浮于内筒上部，达到提高岩心收获率和单筒进尺的目的。

（3）岩心爪为自锁式，其内径一般要比岩心直径小 2 ~ 3mm。当上提钻具时，岩心爪则能自动卡紧岩心，自锁割

心。岩心爪可反复使用，操作方便。

(4) 长筒取心时，需在短筒工具的基础上，增加等长的内外岩心筒，而不需任何其他的特殊装置，因而结构简单。

(5) 工具自身带有安全接头，便于岩心筒遇卡事故的处理。

175．自锁式常规取心工具的使用要求有哪些？

答：(1) 取心准备、工具检查、取心钻进及起下钻操作等要求与加压式常规取心工具基本相同。不同点在于工具装配好后的轴向间隙为 8 ~ 10mm（长筒取心为 10 ~ 15mm）。

(2) 长筒取心采用割心接单根的办法实现连续取心。其操作要点是“一提、二锁、三冲、四压”。

一提：停转、停泵后，缓慢上提钻具割心。

二锁：卸方钻杆时要锁住转盘锁子，用旋绳卸扣，保证井下钻具不转动。

三冲：接完单根后开泵循环，缓慢下放钻具，冲洗井底 3 ~ 5min。

四压：用不低于 1.5 倍钻压的力静压井底，以顶松岩心爪，之后再微提钻具，轻压启动转盘，恢复取心钻进。

176．砂卡式取心工具的使用要求有哪些？

答：(1) 因为钻井液直接冲刷岩心，所以这种工具仅适用于岩性均匀、胶结好的中硬和硬地层。

(2) 砂子应带棱角，大小合适，并且硬度应大于岩心硬度。

(3) 起钻操作平稳，双钳松扣，用旋绳或卸扣器卸扣，做到无剧烈振动，以保证岩心收获率。要求起钻时连续灌入钻井液。

177．砂卡式取心工具的割心技术要求是什么？

答：(1) 砂子的准备。砂子尺寸根据取心钻头内台阶与岩心柱之间的间隙来选择，有 90° 以上的棱角。

(2) 投砂。分 3 次从投砂闸门处投入，其顺序为小、中、大。

(3) 憋泵与割心。憋泵也按 3 次进行，小号砂子到达钻头内台阶时，泵压稍高。此时，停泵片刻，再投中号砂子。当中号砂子到钻头时，泵压更高。最后投入大号砂子，并启泵送砂，直至憋泵为止。随后立即猛转转盘割断岩心。

(4) 探余心。割心后，应分别上提钻具不同高度，以不同方向缓慢下放钻具探心。若上提挂卡，证明岩心未割断，若上提正常，下放遇阻，证明岩心虽割断但井底有余心。提下放均无阻卡，证明割心正常。

178．加压式密封取心工具适用于什么地层？使用要求有哪些？

答：加压式密封取心工具适用于松软地层密闭取心。

除与加压式常规取心工具的一般要求相同外，加压式密封取心工具的使用要求如下：

(1) 钻井液的 API 滤失量不大于 3mL，密度应控制在近平衡钻井所要求的范围内。

(2) 工具内筒需充满密闭液且密封良好。

(3) 在钻达取心层之前，需进行一次“基值”取心，即在钻井液中加示踪剂，工具中不加密闭液的条件下，为确定地层“基值”——岩心对显色剂的原始显色数值而必须进行的一次常规取心。

(4)“基值”取心之后，在钻井液中加入示踪剂，在工具中加入密闭液，至少要进行一次试取心。

（5）下完钻开泵循环时，应按规定数量均匀地向钻井液中加入示踪剂，加药时间不少于一个循环周，含量达到（1±0.2）kg/m^3，要求分散均匀，以连续四个检测值符合规定为合格。

（6）取心钻进时，应先将钻头放到井底加压100kN，剪断密封活塞固定销，然后调整钻压至20kN，启动转盘。在钻进0.3m的时间内，将钻压由小到大调至正常。

（7）钻进前，钻头不能接触井底；钻进中，钻头不能离开井底；割心完毕，必须立即起钻。钻进中如遇特殊情况钻头需提离井底时，应投球加压，割心起钻。

（8）下雨时，岩心不能出筒，应将工具坐于井口，并不断补充密闭液。正常出筒时，应在2h之内完成出筒和取样工作，并立即在现场进行分析化验。

179．自锁式密闭取心工具的适用范围及使用要求是什么？

答：自锁式密闭取心工具主要适用于中硬—硬地层密闭取心，对岩心成柱性较好的软地层也适用。

自锁式密闭取心工具的使用要求：除钻进前不需专门静压井底剪断密封活塞固定销及割心时采用提钻自锁割心方法以外，其余与加压式密闭取心工具的使用要求基本相同。

180．保压密闭取心工具的适用范围及使用要求是什么？

答：保压密闭取心工具的适用范围：适用于软—中硬地层的保压密闭取心。

除与自锁式密闭取心工具相同的一般要求外，保压密闭取心工具的使用要求如下：

（1）取心前的准备：

①配齐地面处理设备，如取心专用工具、冷冻箱、切割机、运输车；

②配齐密闭液材料，包括碳酸钙、溴化钙、羟乙基纤维素（HEC）；

③冷冻材料一般选用固体二氧化碳（干冰），每筒岩心用量不少于250kg；

④充气材料选用惰性气体，一般选用氮气或氩气，每筒岩心需用压力达12MPa的气瓶一瓶。

（2）取心钻井参数：钻压60～80kN，转速60～80r/min，排量15～20L/s。

（3）钻井液性能：要尽可能控制钻井液密度和钻井泵排量，以便减少井眼液柱压力与地层压力的压差，并力求达到在平衡地层压力的条件下钻井取心，要求粘度为35～45s，固相含量尽可能低，含砂量小于0.5%，失水量小于2mL，钻井液性能达到均匀稳定。

181．定向取心工具与自锁式常规取心工具的不同点是什么？

答：定向取心工具与自锁式常规取心工具的不同点如下：

（1）采用自锁式常规取心工具配备多点照相测斜仪，该仪器置于非磁钻铤之中。

（2）内岩心筒上端通过加长杆与测斜仪连接。下端与嵌有三条刻刀的专用卡箍座连接，保证测斜仪与刻刀同步旋转。

（3）配备有地面分析岩心的测角仪。

182．定向取心工具适用什么地层？

答：定向取心工具仅适用于岩心成柱的各种地层，对松

散、破碎和岩心不成柱的地层不适用。

183．定向取心工具的使用要求是什么？

答：除与自锁式常规取心工具的一般要求外，定向取心工具的使用要求如下：

(1) 定位。所谓定位是指仪器上的划线标记和主刻刀的校直，这项工作可在车间或现场进行。有时仪器上的划线标记与主刻刀不在一条直线上，那么就要记录它们的夹角，以便对实际所得的数据加以修正。

(2) 时钟同步。多点测斜仪上的定时器与地面的秒表同时启动，以保证测量照相时停止转盘运转，井下仪器相对静止。

(3) 取心时的钻井参数与常规取心相同，所不同的是，在需要测量时必须停转、停泵，在测量相机拍照完毕后，继续取心。但必须注意的是，由于定时器最大的间隔时间为4min，而相机容纳的胶卷有限，因而从下钻到起钻的总时间不能超过22h。

(4) 起钻到钻铤时，必须用专用的打捞矛将仪器从钻铤中提出。

184．如何选择取心工具？

答：选择取心工具主要是根据地层岩性、井下条件（如井深、钻井液性能等）合理确定取心工具类型。一般软地层可选用加压式取心工具；硬地层宜选用自锁式取心工具；对有特殊要求的取心则选用相应的特殊取心工具。地层松软，岩心的胶结性差或岩性破碎的地层，为了提高收获率，取心工具宜短一些；岩性较硬而所选钻头又能取得较高的进尺时，可选用中、长筒取心工具。

软地层取心，一般选用刮刀式取心钻头或内出刃较大的硬质合金取心钻头；硬及研磨性较高的地层可选用领眼式合

金取心钻头或金刚石取心钻头；超深井取心为了减少起下钻行程时间，多选用金刚石取心钻头。

岩心爪的选用，一般地层较软可选用卡箍式岩心爪；中硬地层宜选用板簧式岩心爪；硬及较破碎地层，可选用卡箍式及板簧式的复合岩心爪；坚硬及胶结致密的地层，可选用板簧式岩心爪。

185．取心钻进的原则是什么？

答：轻压慢转启动转盘，开始仔细造心，钻压由小到大。送钻要均匀，增压要缓慢，严防溜钻。软地层防堵心，硬地层应控制蹩钻。钻速快时要跟上压力，钻速慢时要找原因，不可猛压。措施跟着地层变，不能打压则果断割心。

186．取心钻进时，技术参数如何配合？

答：取心钻进时的技术参数配合应根据地层岩性、井下情况及所用工具的特点等因素灵活掌握。钻进参数推荐值见表7–1。

表7–1　ϕ215mm取心钻头钻进参数推荐表

地层	胶结程度	钻压，kN	转速，r/min	排量，L/s
松软	特差	100 ~ 120	50 ~ 60	10 ~ 15
	一般	30 ~ 50	50 ~ 60	15 ~ 20
	良好	60 ~ 80	50 ~ 60	20 ~ 25
中硬—硬	差	30 ~ 40	30 ~ 40	12 ~ 15
	好	60 ~ 80	50 ~ 60	20 ~ 25

187．影响岩心收获率的因素有哪些？

答：(1) 操作技术和取心工具方面。技术措施不当或操作水平差，取心工具选择、装配不合理，均影响岩心收获率。

(2) 长筒取心时外筒的稳定性。在长筒取心中，外筒长达数十米，容易发生弯曲，因此，外筒稳定性比较重要。实践证明，只要能尽量减小外筒与井眼的环形间隙，就可以收到良好效果。目前，多从加强岩心筒强度、提高材质和减小环形空间两方面来解决。

(3) 地层方面。井下地层的变化是很复杂的，一般情况是：断层、大倾角地层、裂缝发育及胶结差的地层，取心钻进中岩心容易破碎，在大裂缝和大溶洞的地层，取心时钻具放空；岩性松散、成柱性差、夹层薄而变化多的地层，不易卡准的油层，油层受注水及边水推进影响，胶结性差，岩心不易成柱，吸水较强的泥质胶结地层容易吸水膨胀，且使钻井液粘度变大，钻头泥包；岩性坚硬容易破碎的含硅质结核、菱铁矿地层，不易割断岩心，有的则破碎严重。

(4) 井下复杂情况。钻井液性能不好和地层因素引起的井壁坍塌、钻头泥包、井喷、井漏和人为的井下落物，以及因措施不当而造成的大井斜、键槽、“狗腿”等复杂情况，如果处理不当，都会影响取心效果。

188．“堵心”（岩心进口堵死）的原因是什么？

答：“堵心”（岩心进口堵死）原因是：

(1) 钻头结构不合理，或在下钻过程中严重泥包，使岩心进口处的钻屑得不到及时的清洗和排除。当钻头吃入地层时，松软的油砂或井底过厚的沉砂塞满钻头内体，越塞越实。

(2) 岩心特别破碎，内筒与岩心的环形间隙太小，或者是岩心容易吸水膨胀，造成内筒与岩心的环形间隙过小。

(3) 井底掉块较多，钻头一接触井底，就被摔块，将岩心进口堵死。

(4) 钻井液短路，钻井泵不上水，引起干钻。

(5) 钻头体的内径与内筒内径间隙过小。

189. “磨心”、“卡心”的原因是什么？

答：“磨心”、“卡心”的原因是：

(1) 钻进中，由于蹩钻、跳钻、转速过高，引起内筒旋转摆动，钻头跳动，使岩心裂成碎块，时间越长就越严重，特别是长筒取心更为突出。

(2) 钻进中，送钻不均匀，使岩心柱忽粗忽细，过细处断开横卡于内筒。

(3) 钻进中，遇夹层多而岩性不均一的地层送钻不合理，软地层钻压跟不上，硬地层钻压过小。

(4) 钻井液性能不好，钻遇吸水膨胀地层，岩心膨胀或岩心周围形成过厚滤饼而卡于内筒。

(5) 井身质量不好，井壁滤饼过厚，井壁垮塌严重，下钻时，内筒进入大量滤饼和掉块，钻进时，岩心被掉块或滤饼卡死。

(6) 钻进中，内外筒被污物卡死，内筒悬挂轴承卡死或失灵，造成内外筒一起旋转。

(7) 钻头切削刃不在一个水平面上，或在地层软—硬交界处，钻进时产生比较严重的蹩钻、跳钻。

(8) 取心进尺和内筒长度搞错，岩心已装满内筒还继续钻进。

(9) 在夹有疏松砂岩或煤层的坚硬地层钻进，钻时忽快忽慢变化反复，难以掌握。

(10) 裂缝发育和大倾角地层，岩心容易破碎，钻进中碎块聚集，卡于内筒。

第八部分　油气井的完井方法

190．完井方法的选择原则是什么？

答：油气井完井方法的选择原则是：

(1) 最大限度地保护油气层，防止对油气层造成损害；

(2) 减少油气流入井筒的阻力，提高完善系数；

(3) 有效封隔油气水层，防止各层之间互相窜扰；

(4) 便于修井，可以实施注水、压裂、酸化等特殊井下作业；

(5) 工艺简便易行，施工时间短，成本低，经济效益好。

191．完井方法分哪几类？

答：完井方法一般分为套管完井和裸眼完井两大类。

(1) 套管完井包括套管射孔完井和尾管射孔完井。

(2) 裸眼完井包括先期裸眼完井、后期裸眼完井、筛管完井和砾石充填完井。

192．什么是套管射孔完井？使用条件和技术要求是什么？

答：套管射孔完井是指钻穿油层后，下入生产套管并在环形空间注水泥，用射孔器射穿套管、水泥环和部分产层，构成井筒与产层的通道。

使用条件：对多数油气藏都适用。

技术要求：

（1）套管串中要有短套管（定位接箍），下入深度一般在油气层顶界 20 ～ 30m 的范围内；

（2）在条件允许时，套管接箍、扶正器、刮泥器和套管其他附件要避开油气层；

（3）承托环下在油气层底界以下，不小于 15m；

（4）套管鞋至井底距离 1 ～ 3m；

（5）套管鞋以上套管内水泥塞高度不少于 20m。

193．什么是尾管射孔完井？使用条件和技术要求是什么？

答：技术套管下至油层顶界，钻开油层后下入尾管并悬挂在技术套管上，经注水泥和射孔后，构成井筒与井底的通道。

使用条件：尾管射孔完井，一般用于较深的油气井。

技术要求：

（1）悬挂负荷能力应为尾管串重量的 0.5 倍以上；

（2）倒扣装置工作可靠，操作方便；

（3）各密封件性能良好，保证注水泥操作；

（4）必要时，悬挂器上装套管回接装置；

（5）尾管与上层套管重复段不小于 50m。

194．什么是先期裸眼完井？使用条件和技术要求是什么？

答：先期裸眼完井是指在油层顶部下入技术套管后固井，然后再钻开产层。

使用条件：

（1）产层物性一致，无气顶和夹层水的底水；

（2）井壁坚固稳定不坍塌；

(3) 能卡准地层，准确地将套管下入油气层顶界；

(4) 适用于裂缝性和稠油油层等产层。

技术要求：

(1) 进入产层前下入技术套管，套管鞋坐在硬地层上；

(2) 技术套管固井质量合格；

(3) 采用优质钻井液和平衡钻井技术，尽快钻开裸眼井段，减少钻井液对产层的危害。

195. 什么是后期裸眼完井？使用条件和技术要求是什么？

答：后期裸眼完井是指在钻穿产层以后，将生产套管下至产层顶部，注水泥完井。

使用条件：

(1) 油层物性一致，不含水，无气顶；

(2) 井壁坚固稳定，不坍塌；

(3) 一般用于地质分层掌握不够准确的探井。

技术要求：

(1) 在生产层井段注入低失水、高粘度、高切力的稠钻井液；

(2) 有条件时，在生产套管下部装注水泥接头和管外封隔器，以承托注入环形空间的水泥浆；

(3) 生产套管固井质量合格；

(4) 若产层是高压油气层，下套管和注水泥要有可靠的防喷措施；

(5) 在正常情况下，不采用后期裸眼完井。

196. 什么是筛管完井？使用条件和技术要求是什么？

答：筛管完井是指在钻穿产层后，把带筛管的套管柱下

入油层，然后封隔产层顶界以上的环形空间。

使用条件：

(1) 在低压、低渗透不产水的单一裂缝性产层，或井壁较为破碎的灰岩产层中使用；

(2) 在一般情况下，不采用筛管完井。

技术条件：

(1) 技术套管串中的注水泥接头和水泥伞工作可靠；

(2) 水泥伞置于井径规则及相对坚硬的井段；

(3) 注水泥封固井段的长度不小于50m，固井质量合格；

(4) 注水泥后用小钻头通井至井底后洗井，测声幅检查固井质量；

(5) 筛管完井一般不用于出砂井，因此多采用圆形筛眼的筛管，筛眼直径为2～12mm，筛眼密度为60～120孔/m，做螺旋分布。

197. 什么是砾石充填完井？使用条件和技术要求是什么？

答：砾硫填完井是指在油层部位的井眼下入筛管，在筛管与井眼环形空间内填入砾石，最后封隔筛管以上的环形空间完井，油层油流通过砾石和筛管流入井内。

使用条件：

(1) 在结构疏松，出砂严重，厚度大且不含水的单一油层使用；

(2) 砾石充填完井适用于稠油层。

技术要求：

(1) 砾石粒度是以能将地层砂粒阻挡在砾石层之外为宜；

（2）充填砾石层厚度不小于 7.60cm，充填得越紧，允许的流速越大；

（3）砾石要清洗，细粒杂质要控制在 0.2% 以下；

（4）充填砾石时，应以原油、柴油、盐水作为携带液。

第九部分　下套管固井

198．什么是固井？固井的目的是什么？

答：向井内下入一定尺寸的套管串，并在其周围注以水泥浆，把套管与井壁紧固起来的工作称为固井。其目的是：封隔疏松、易漏、易塌等地层，封隔油、气、水层，防止互相窜槽，安装井口形成油气通道，控制油气流，以利于长期安全生产。

199．什么是井身结构？

答：一口井开钻前根据该井钻探目的、本地区地质条件及钻井工艺技术水平所确定的套管层次、尺寸，各层套管下入深度，管外水泥返高及每层套管相对应的钻头尺寸等，统称为该井的井身结构。

200．确定井身结构的原则是什么？

答：确定井身结构的原则是：

（1）能有效地保护油气层，使不同压力梯度的油气层不受钻井液污染损害；

（2）应避免漏、喷、塌、卡等复杂情况产生，为全井顺利钻进创造条件，使钻进周期最短；

（3）钻下部高压地层时所用的较高密度钻井液产生的液柱压力，不致压裂上一层套管鞋处薄弱的裸露地层；

（4）下套管过程中，井内钻井液液柱压力和地层压力之

间的压差，不致产生压差卡套管事故。

201．导管的作用是什么？

答：导管的作用是在钻表层井眼时将钻井液从地表引导到钻井装置平面上来。

202．表层套管的作用是什么？

答：表层套管的作用是防止井眼上部疏松层的坍塌和污染及上部地层流体的侵入，安装井口和防喷装置以便继续钻进。

203．技术套管的作用是什么？

答：技术套管的作用是用于封隔钻井液难以控制的复杂地层、严重漏失层，以及压力相差悬殊，要求钻井液性能互相矛盾的油、气、水层等。它也为井控设备的安装、防喷、防漏及悬挂尾管提供条件，对油层套管还具有保护作用。

204．生产套管的作用是什么？

答：生产套管的作用是将储集层中的油气从套管中采出来，并用来保护井壁，隔开各层的流体，达到油气井分层测试、分层采油、分层改造的目的。

205．什么是尾管？它有什么优点？

答：尾管是一种不延伸到井口的套管柱，分为钻井尾管和采油尾管。它的优点是下入长度短、费用低，在深井继续钻进时可以使用异径钻具。

206．井内套管柱受哪几种力的作用？

答：井内套管柱主要受轴向拉力、外挤力和内压力的作用，且上部受拉力最大，下部受外挤力最大，中间部位的套管受力较小。

207．什么是套管柱下部结构？它包括哪几部分？

答：套管柱下部结构是指套管柱下部装置附件的总称。

它包括引鞋、套管鞋、旋流短节、浮鞋、套管承托环、磁性定位短节、套管扶正器等。

208. 引鞋的结构和作用是什么?

答：引鞋是一个圆锥形的带孔短节，由生铁、铝或水泥等易钻材料制成，如图 9–1 所示。引鞋位于整个套管柱下部。引鞋上端用螺纹或销钉与套管鞋相连。

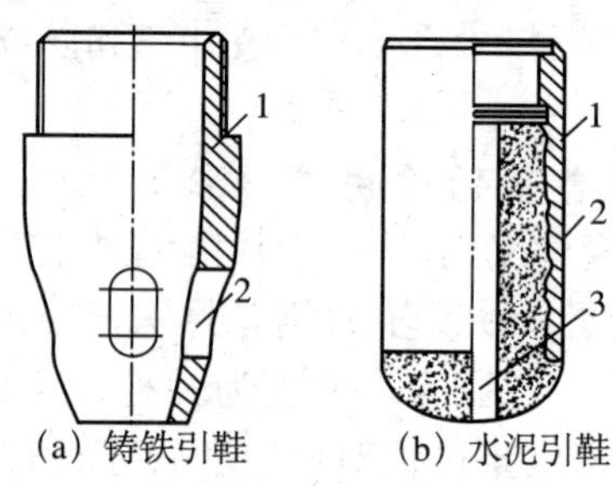

图 9–1　引鞋

1—本体；2—循环孔；3—水泥石

引鞋的作用是引导套管柱顺利入井，防止套管插入井壁或刮削井壁，如需要继续加深井眼，可钻掉引鞋。

209. 套管鞋及作用是什么?

答：套管鞋几何尺寸与套管接箍相差不多，有的用套管接箍代替，下端车成 45º 内倒角，如图 9–2 所示。

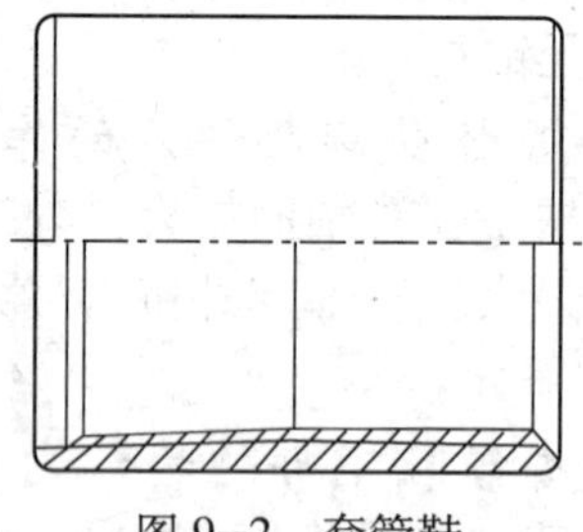

图 9–2　套管鞋

它的作用是防止起钻时钻具接头及井下工具的台肩挂碰套管。不再加深的油层套管，可不用套管鞋。

210．旋流短节的结构及作用是什么？

答：旋流短节是装在套管鞋之上的一段带孔眼的短节。孔眼轴线与短节本身轴线不相交，且与横截面倾斜一角度，孔口朝上，孔眼呈左旋分布。

它的作用是使水泥浆在环形空间旋流上返，以利于提高水泥浆顶替效率。

211．什么是旋流引鞋？

答：旋流引鞋是将旋流短节和引鞋合并在一起，多采用铝质材料制成。下部有单流阀，安装在套管鞋之下，可防止下套管过程中发生砂堵，固井后再将其钻掉。深井中多采用旋流引鞋。

212．什么是浮鞋与浮箍（套管回压阀）？作用是什么？

答：在引鞋中装置一个回压阀，就成为浮鞋，如图 9–3 所示。浮箍与浮鞋内部结构基本相同，但没有引导套管下入的圆形凸头，如图 9–4 所示。

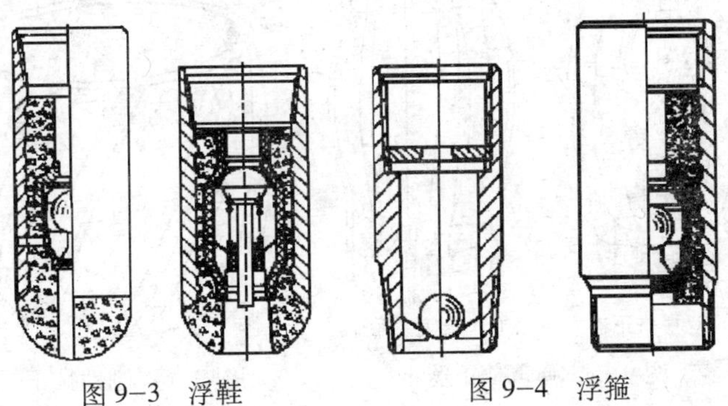

图 9–3　浮鞋　　图 9–4　浮箍

它们的作用是在固井时，当水泥注完后，可防止水泥浆倒流回套管内，还有减少下套管时轴向拉力的作用。

213．承托环（生铁圈）的作用是什么？

答：承托环是由生铁制成。它装在回压阀以上，距设计水泥塞 30 ~ 50m 的套管接箍内。它的作用是控制水泥塞高度。在注水泥塞时，当水泥浆注完后，要顶一个胶塞，接着替钻井液。当胶塞被钻井液顶到承托环处时，泵压猛增（称为碰压），应立即停止顶替，这时承托环以下套管内是水泥柱（实际上钻井液顶替胶塞要刮下残留在套管内壁的钻井液，形成混浆），称为水泥塞。

214．套管扶正器的种类及作用是什么？

答：套管扶正器是装在套管柱上的附件。常用的套管扶正器有弹性和刚性两种，其结构分别如图 9–5、图 9–6 所示。弹性套管扶正器是将弹簧片焊在或铆在套子上，又分为整体式和铰链式。刚性扶正器是将刚性条块焊在或铆在套子上。在下套管时，扶正器是套在套管外，用卡箍卡紧再加焊挡圈。

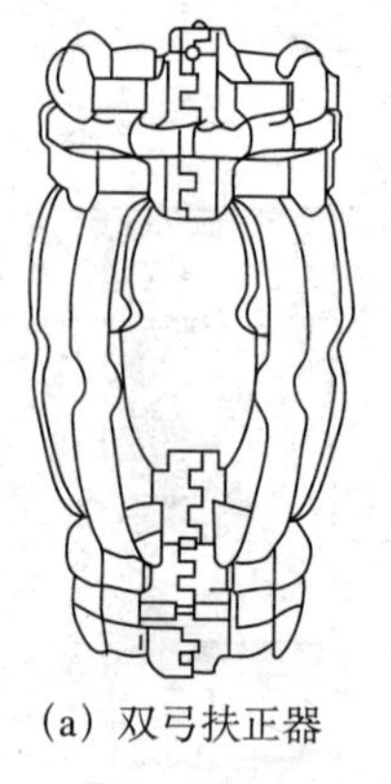

（a）双弓扶正器

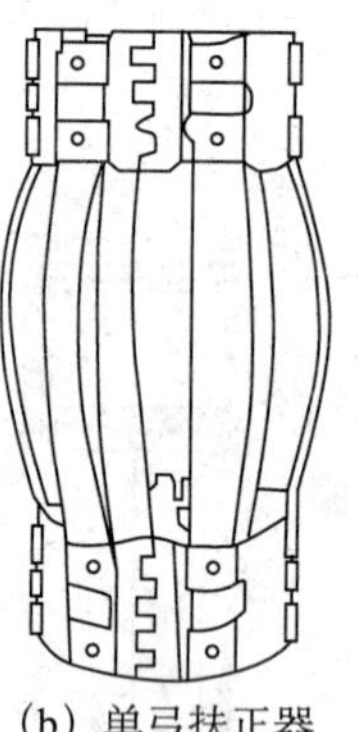

（b）单弓扶正器

图 9–5　弹簧扶正器

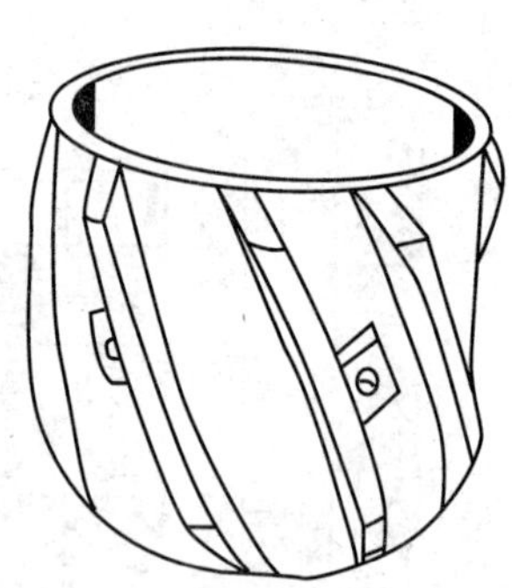

图 9–6　刚性扶正器

它的作用是可防止套管靠向井壁一边，使套管在井内居中，从而减轻水泥窜槽程度，确保固井质量。

215．磁性定位套管的作用是什么？

答：磁性定位套管与普通套管的区别仅仅是长度较短。它被安放在油层套管串中距离油层顶部 20 ~ 30m 的地方。由于磁性测井时，在套管接箍处会出现曲线峰值，使该短套易于区别其他套管。射孔前先用一根电缆同时下放射性测井仪（判明油层）和磁性测井仪，找出短套管与油层的距离。射孔时电缆上同时带射孔枪和磁性测井仪，利用磁性测井仪找到短套管，再上提或下放射孔枪对准油层射孔。这样就可以确保射准油层。

216．什么是联顶节？它的作用是什么？

答：联顶节是用壁厚、强度高的套管制成。它将套管串悬挂在转盘面上，在固井水泥凝固后再卸掉。联顶节在转盘面以下的长度称为联顶节方入，它确定了套管柱顶部和井口装置各部件的位置。

217．套管扶正器一般设计安放在什么位置？

答：套管扶正器安放至少应做到套管鞋及以上 30 ~ 50m 每根套管安放一只、含油气层井段每根套管安放一只、分级箍等工具上下 30 ~ 50m 每根套管安放一只。

218．什么是插入式固井？

答：插入式固井一般是在下大直径的套管时进行。套管下完后，在钻杆下边接一个插入接头，然后把钻具下入套管内。下完钻后，再把插入接头插在套管下边的插入座里边。水泥浆通过钻杆经插入座和引鞋返出，入环空，这就是插入式固井。

219．插入式固井与普通固井相比具有哪些优点？

答：(1) 缩短注水泥浆时间和替钻井液时间；

(2) 可以有效地防止水泥浆与钻井液在套管内发生混浆；

(3) 由于水泥浆只经过钻杆，因此可以有效地防止套管灌“香肠”。

220．固井下套管前钻井设备应做好哪些准备工作？

答：通井和下套管前应认真检查地面设备、设施，发现问题及时整改。检查内容主要包括提升系统、动力系统、循环系统、传动系统、井控装置及辅助设备。

(1) 下套管前应校验指重表和立管、钻井泵的压力表；

(2) 钻井泵的缸套应满足固井设计的排量、压力要求，动力端运转正常，上水平稳良好；

(3) 下套管灌钻井液装置应做到结构合理、管线连接安全可靠，防止井下落物；

(4) 配浆水罐应保证清洁干净，避免污染配浆用水，可以根据具体情况对配浆水罐增加保温或加热装置，并装配搅拌器。

221．固井前井口准备工作有哪些？

答：(1) 应根据各层套管坐挂要求选择合适规格的套管头；

(2) 套管头的安装和使用应符合出厂使用说明书的规定和要求；

(3) 使用联顶节固井时应准确计算联入，避免套管无法坐挂到套管头内；

(4) 下套管前，闸板防喷器应更换与所下套管尺寸相符的闸板并试压。

222. 固井下套管前的井眼准备工作有哪些？

答：(1) 下套管前应校核钻具长度，核实井眼深度。

(2) 下套管前必须进行通井作业，对阻卡井段应认真划眼，做到井底无沉砂、无阻卡、无坍塌；一般井，通井钻具组合的最大外径和刚度应不小于原钻具组合。对于深井、大斜度井和水平井，通井钻具组合的最大外径和刚度应不小于下入套管的外径和刚度。

(3) 通井时应以不小于钻进时的最大排量至少循环2周。

(4) 漏失井下套管前应先进行承压堵漏，所需承压能力一般应根据下套管和注水泥时的最大井底动态液柱压力确定。

(5) 下套管前必须压稳油气层，根据井下状况和油气藏条件将油气上窜速度控制在安全范围内；当地层漏失压力和孔隙压力差值很小，容易发生井漏时，可以根据具体情况控制气井的油气上窜速度小于20m/h，控制油井的油气上窜速度小于15m/h。

(6) 受井身结构限制造成设计套管与井眼环空间隙小于19mm时，可采取扩眼等相应措施改善环空几何条件。

(7) 通井时应合理调整钻井液性能：

①应控制钻井液滤饼的摩阻系数，水平位移不大于500m 的定向井摩阻系数控制在0.10之内；水平位移大于500m 的定向井摩阻系数控制在0.08之内；井深不大于3500m的直井摩阻系数控制在0.15之内；井深大于3500m的直井摩阻系数控制在0.12之内；

②起钻前通过短起下钻循环测定油气上窜速度；钻井液液柱压力不能平衡地层压力或油气上窜速度不满足（5）的要求时，应适当加重钻井液并通过短起下钻进行验证，确认压稳油气层。

（8）如需在通井下钻过程中进行中途循环，应避开易垮、易漏地层。下钻中途和下钻到底开泵时应先小排量顶通，然后再逐渐加大排量。有技术套管的井应在技术套管内循环好钻井液后再继续下钻。通井过程中如发生井漏应进行堵漏作业，条件具备时应验证地层承压能力。

223. 套管送井前应进行哪些项目的检查？

答：套管送井前检查项目包括接箍、管体、螺纹外观，钢级与壁厚，直线度，长度，锥度，通内径，螺纹机紧度，紧密距，探伤，静水压力试验。特殊螺纹套管送井前应按订货合同规定或推荐项目与方法检查。

224. 到井套管在井场的摆放有什么要求？

答：到井套管应按下井顺序卸车，后下井的套管先卸车，应使用抓管机或吊车卸套管。套管在管架上摆放时应分层隔开，层数不宜超过三层（直焊缝套管为两层）。套管接箍应朝向井架大门方向。

225. 到井套管应做好哪些检查工作？

答：（1）应清点到井套管的数量，按规格、用途进行整理并检查外伤。

（2）应通过目视对套管进行现场检查，查实钢级、生产厂家、壁厚等参数。不同类型的套管要分隔排列并做好标记，以免混用。

（3）应逐根检查到井套管的接箍、螺纹和本体，有缺陷的套管应做好标记防止误入井内。接箍余扣超过2扣、接箍

有裂纹、螺纹有损伤的套管不能下入井内；本体有裂纹、弯曲、凹痕深度超过名义壁厚12.5%不能下入井内；本体表面锈蚀程度超过名义壁厚12.5%的套管不能下入井内；无法辨认的套管不能下入井内。

(4) 应逐根清洗并检查套管螺纹，特殊螺纹套管清洗按厂家要求进行。

(5) 应使用符合标准要求的通径规对到井套管逐根通径。通径规不能通过的套管不能下入井内，应做好标记防止误入井内。

(6) 钻井工程和地质人员应分别对送井套管逐根进行丈量、记录，统一编制下入顺序号并核对一致。

(7) 井场应有一定数量的备用套管。

226．如何正确丈量套管长度？

答：套管长度测量点从接箍端面至API螺纹消失点或最终分度线记号。梯形螺纹以印在套管本体上的三角符号的低边为准，其他螺纹按厂家规定的测量方法为准。套管测量长度一般精确到小数点后两位数（cm），要求精度较高时可精确到小数点后三位数（mm）。

227．井场套管备用量一般为多少？

答：井场套管备用量一般应按送井套管数量的3%准备，也可采用以下方法确定备用套管数量：表层套管一般备用1根；对于技术套管和生产套管，套管总长不超过2500m时备用3根，套管总长2500～3000m时备用5根，套管总长超过3500m时备用6根。

228．到井固井工具应做好哪些检查和准备工作？

答（1）固井工具应有出厂合格证、使用说明书。

(2) 应绘制固井工具草图，标明主要尺寸。

(3) 固井工具在装卸、运输过程中应避免受到碰撞、挤压，到井后应认真检查并妥善保管。

(4) 使用分级箍时应检查核实工具随带的碰压胶塞、打开塞、关闭塞是否齐全，相关配合尺寸是否正确。对于液压打开循环孔的分级箍还应检查打开套销钉数并核对与之对应的压力级别。

(5) 使用尾管悬挂器时应检查核实工具随带的回接筒和插入头、球座短节、憋压球、钻杆胶塞、套管胶塞是否齐全，核对规格、尺寸是否与设计相符。同时检查钻杆胶塞能否通过送入钻具和水泥头，并核实中心管内径是否与钻杆胶塞匹配。

229. 到井套管附件应做好哪些检查和准备工作?

答：(1) 所有附件均应有出厂合格证书。

(2) 所有附件在装卸、运输过程中均应避免受到碰撞、挤压，到井后应妥善保管。

(3) 应检查浮鞋和浮箍的规格尺寸是否与所下套管一致，核实正反向承压能力是否满足施工要求。

(4) 应检查扶正器（刚性、弹性）外形、尺寸是否与所下套管匹配并满足井眼条件要求。

(5) 应认真检查碰压胶塞的尺寸和质量是否满足作业要求。

230. 下套管时的注意事项有哪些?

答：(1) 套管要按编号依次下入，不得错号。

(2) 场地工要在套管上钻台前，将套管从管架上滚到滑道上。

(3) 套管上提遇卡不得超过原悬重 1kN；下放遇阻不得超过原重量 0.5kN，防止提断或压扁套管。

(4) 按规定向井内套管灌入钻井液，随时观察井口钻井液返出情况，下放速度不能过快，防止压漏地层。

(5) 表层套管直径大，防止错扣，固井后要立即校正井口。

(6) 油层套管要装好阻流环、扶正器。

(7) 下完套管，灌好钻井液后，可用小排量开泵，避免套管内的空气进入环形空间。

231. 油井水泥的主要矿物成分是什么？

答：目前，广泛使用的油井水泥是硅酸盐水泥，它是由石灰石、粘土和少量铁矿石等原料，按一定比例混合，经高温（1350 ~ 1450℃）煅烧，将熟料加工磨细制成。水泥熟料主要由以下 4 种矿物组成：

硅酸三钙 $3CaO \cdot SiO_2$（C_2S）占 40% ~ 60%；

硅酸二钙 $2CaO \cdot SiO_2$（C_2S）占 15% ~ 35%；

铝酸三钙 $3CaO \cdot Al_2O_3$（C_3A）占 6% ~ 15%；

铁铝酸四钙 $4CaO \cdot Al_2O_3 \cdot Fe_2O_3$。·（$C_3AF$） 占 10% ~ 18%；

此外，尚有少量 MgO 等杂质。

232. 油井水泥的水化有哪几个阶段？

答：(1) 胶溶期：水泥调水后，颗粒表面立即发生水化反应，当水化产物逐渐增强，达到饱和状态以后，便有部分水化产物以胶态粒子或细小晶体析出，使水泥浆成为溶胶体系。

(2) 凝胶期：水化作用继续进行，胶体颗粒显著增加，并逐渐聚结，同时，部分晶体开始连接，使溶胶体系逐渐形

成凝胶结构，水泥浆即丧失流动性而很快凝结。

（3）硬化期：水化作用不断深入，水化物晶体大量产生，并互相连接，同时，凝胶内部继续水化吸收大量水分，结构强度显著提高，凝胶结构便逐渐硬化形成水泥石。

233．油井水泥与建筑水泥相比有哪些特点？

答：油气井固井，要求把水泥浆泵送到几千米深的套管周围，并把环形空间泥浆全部替走。因此，水泥浆必须有足够的流动性，不能中途变稠凝固，注到预定位置以后，则要求尽快凝结硬化，形成致密而坚硬的水泥石，即固井用水泥浆比一般建筑用水泥浆应具有良好的流动性、适当的凝固时间和较好的密封性。

234．反映油井水泥的物理性能有哪些？

答：（1）密度：国产油井干水泥的密度通常为 3.15g/cm^3 左右。

（2）流动度：水泥浆要有较好的流动性，才能满足固井要求。国产油井水泥的流动度应大于 16 ～ 17cm。在深井和超深井固井中要提高水泥浆的流动性，降低流动阻力，使水泥浆在较低流速下能达到紊流，以利提高固井质量，常在水泥浆中加入减阻剂。

（3）凝固时间：水泥浆的粘度随着水化作用的深入进行将逐渐增高变稠，丧失流动性，最后凝结、硬化。水泥浆从调配时起，到变稠开始凝结这段时间称为初凝时间，从初凝起到凝固硬化这段时间称为终凝时间。

（4）失水：水泥水化所需要的水量是较少的，实验测定约为水泥重量的 20% 左右。

（5）水泥石的强度：环形空间水泥环所受的载荷，主要是套管重量所产生的纵向剪力、地层压力与套管内液柱压力

之差所造成的径向力，因而用单纯的抗拉、抗压和抗折强度都不能恰当地反映水泥环的受力情况。水泥环实际所受外载并不大，其强度只需满足悬挂套管柱、抵抗钻井时的冲击载荷和早期水力压裂三个方面的要求。

235．温度和压力对水泥浆性能有什么影响？

答：随着油气井的不断加深，井下温度和压力不断增加，水泥浆性能也急剧变化，尤其是温度的影响更甚。随着井下温度的升高，水泥浆的水化速度加快，因而稠化时间大大缩短。

水泥浆在高温高压下生成的水化产物与常温常压下是不一样的。水泥浆在高温（一般是93℃以上）条件下生成的水化产物晶粒粗大，因而使水泥石的强度显著下降。加入一定数量的石英砂或煤渣灰可以防止水泥在高温条件下的强度降低。

236．注水泥设备主要由哪几部分组成？

答：注水泥设备主要由水泥车、水泥混合漏斗、水泥头、水泥分配器、胶塞、水泥供应设备等组成。

237．如何计算水泥浆用量？

答：水泥浆用量 V = 管外水泥浆体积 + 管内水泥浆体积

设井眼直径为 D，套管外径为 $d_{外}$，套管内径为 $d_{内}$，水泥浆上返高度为 H，水泥塞高度为 h_0，则水泥用量 V 为：

$$V=\frac{\pi}{4}\times k_1(D^2-d_{外}{}^2)\ H+\frac{1}{4}\pi d_{内}{}^2 h$$

式中各量均以m计算，则计算出来的水泥浆用量 V 的单位是 m^3。式中 k_1 为附加系数，由经验得出，各地区不尽相同。有的地区按电测井径附加10%，k_1=1.05 ~ 1.10。

238. 如何计算干水泥用量？

答：干水泥用量按下式计算：

$$G = k_2QV$$

式中 G——干水泥用量，袋；

Q——配 1m³ 水泥浆所需要的干水泥量，袋 /m³（表 9–1）。

k_2——地面的水泥损耗量附加系数，一般取 k_2=1.05，即附加 5%；

V——水泥浆用量，m³。

表 9–1 干水泥用量及用水量

水泥浆密度 kg/m³	配 1m³ 水泥浆所需要的干水泥量 Q，m³/ 袋	配水泥浆时每袋水泥所需的水量 V_1，m³/ 袋
1.75	22.0	0.296
1.80	23.5	0.0268
1.83	24.3	0.0252
1.85	24.9	0.0242
1.87	25.5	0.0234
1.90	26.4	0.0220

注：1. 干水泥密度 3.15g/cm³；2. 每袋水泥重量是 50kg。

239. 如何计算清水用量？

答：清水用量按下式计算：

$$V_{水} = V_1G$$

式中 V_1——配水泥浆时每袋水泥所需的水量，m³/ 袋（表 9–1）；

G——干水泥用量，袋。

240．如何计算替钻井液量？

答：所需替入的钻井液量为生铁圈以上套管内的容积。由于各段套管的壁厚不同，其直径也就不同，因此需要分段进行计算，然后总加起来，即替钻井液量为：

$$V_{钻井液} = k_3 \frac{1}{4}\pi\ (L_1 d_1^{\ 2} + L_2 d_2^{\ 2} + \cdots + L_n d_n^{\ 2})$$

式中　d_1，$d_2 \cdots d_n$——水泥塞以上各段不同壁厚套管的内径，m；

L_1，$L_2 \cdots L_n$——水泥塞以上各段不同壁厚套管的长度，m；

k_3——钻井液的压缩系数，取 1.05。

241．如何计算最高泵压？

答：最高泵压由管内外液柱压差及水泥浆和钻井液在套管内外流动的阻力所组成，即：

$$p=p_1+p_2$$

式中　p——最高泵压，MPa；

p_1——克服套管内外压差所需的泵压，MPa；

p_2——克服流动阻力所需的泵压，MPa。

p_2 可用下面的经验公式计算：

在井深小于 1000m 时：$p_2=0.01L + 8$（MPa）；

在井深大于 1000m 时：$p_2=0.01L + 16$（MPa）。

式中，L 为套管柱长度，单位为 m。

管内外压差 p_1 的计算公式如下：

$$p_1 = \frac{1}{10}(H-h)(r_1-r)$$

式中　H——套管外水泥浆上返高度，m；

h——水泥塞长度，m；

r_1——水泥浆密度，g/cm³；

r——钻井液密度，g/cm³。

因此，当井深小于1000m时的最高泵压为：

$$p=\frac{1}{10}(H-h)(r_1-r)+0.01L+8$$

当井深大于1000m时的最高泵压为：

$$p=\frac{1}{10}(H-h)(r_1-r)+0.01L+16$$

242．什么是注水泥时间？如何计算？

答：注水泥施工的时间包括水泥车配注全部水泥浆、替钻井液和倒闸门、开挡销、顶胶塞的时间。为保证顺利施工，注水泥的总时间必须不大于水泥浆初凝时间的75%。

注水泥工作的总时间为：

$$T = T_1+T_2+T_3$$

$$T_1=\frac{G}{mn}$$

$$T_3=\frac{V_i}{Q}$$

式中　T_1——配注水泥所需时间，min；

T_2——倒换闸门、开挡销、顶胶塞时间，一般为1～3min；

T_3——替钻井液时间，min；

G——注水泥总量，袋；

m——单车每分钟注入水泥量，袋/min；

n——注水泥车数，部；

V_i——替钻井液量，m^3；

Q——替钻井液排量，m^3/min。

如果注水泥工作总时间大于水泥浆初凝时间的75%时，应增加水泥车数或在水泥浆中加缓凝剂以延长初凝时间，使得工作总时间小于初凝时间的75%为止。

243. 简述常规单级固井工艺流程。

答：(1) 下原钻具通井，过小井眼或起下钻遇阻井段时认真进行划眼，大排量洗井，保证井下清洁畅通，讲究通井质量；

(2) 下套管，管柱组合为：浮鞋+套管×1根+浮箍+套管×1～2根+(承托环)+套管；

(3) 循环钻井液两周以上；

(4) 管线试压，注前置液；

(5) 开挡销，释放下胶塞；

(6) 注水泥浆；

(7) 开挡销，释放上胶塞，注后隔离液；

(8) 替钻井液，碰压；

(9) 泄压，观察有无倒流；

(10) 候凝。

244. 简述常规双级固井工艺流程。

答：(1) 下原钻具通井，过小井眼或起下钻遇阻井段时认真进行划眼，大排量洗井，保证井下清洁畅通，讲究通井质量。

(2) 下套管，管柱组合为：浮鞋+套管×(2～4)根+

浮箍 + 套管 1 根 +（承托环）+ 套管 n 根（根据设计定）+ 分级箍 + 套管至井口。

（3）循环钻井液两周以上。

（4）一级注水泥施工。

①管线试压；

②注前置液；

③注水泥浆；

④开挡销，释放一级碰压塞；

⑤注后隔离液，顶一级胶塞；

⑥替钻井液，碰压；

⑦泄压，检查有无倒流。

（5）投重力塞。

（6）开泵、憋压，打开循环孔。

（7）循环钻井液两周以上，一级候凝。

（8）二级注水泥施工：

①管线试压；

②注前置液；

③注水泥；

④开挡销，释放关孔塞；

⑤注适量水泥浆，顶关孔塞；

⑥注后隔离液；

⑦替钻井液，碰压；

⑧憋压，关闭循环孔，稳压 5min；

⑨泄压，检查有无倒流。

第十部分　常见钻井事故的处理

245．公锥、母锥的作用是什么？

答：公锥是打捞管类落物的一种工具。它是在进入落鱼水眼的内部后造扣，对落鱼进行打捞，适合于打捞管壁较厚的落物，如接头、钻杆加厚部分、钻铤等。

母锥是从落鱼的外部造扣打捞的一种工具，主要用于打捞钻杆本体，鱼顶外径规则、管径较薄的落鱼。

246．公锥、母锥的工作原理是什么？

答：把公锥、母锥插入落鱼水眼内（外）加压，旋转造扣（就如同丝锥造扣一样），以达到捞起落鱼的目的。

247．如何使用公锥、母锥进行打捞操作（以公锥为例）？

答：(1) 根据井下落鱼水眼的不同选择公锥：1∶16 用于打捞钻杆内的加厚处；1∶14 和 1∶32 用于打捞内平钻杆和钻铤。

(2) 检查公锥螺纹必须完好，造扣位置宜距公锥顶 10cm 左右。

(3) 绘制公锥草图，注明尺寸 L、L_1、D、D_2、d，如图 10−1 所示。

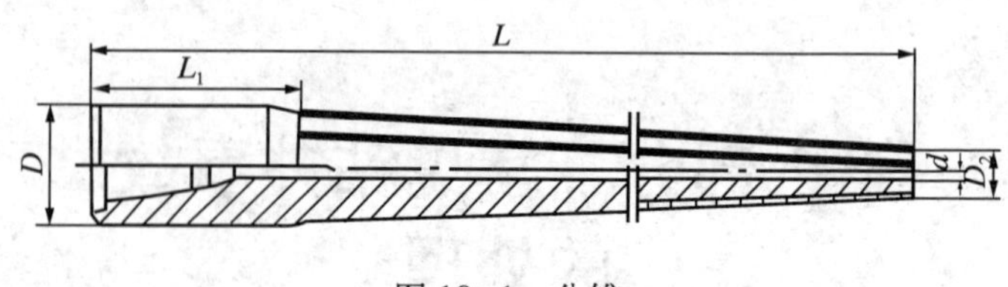

图 10–1　公锥

（4）配打捞管柱，自下而上顺序为：公锥 + 安全接头 + 钻杆。

（5）计算好方入后，将公锥与下井钻具接好，下钻进行打捞，注意要双钳紧扣。

（6）将公锥下至距鱼项 0.5m 处停止下钻。启泵循环 10 ～ 20min，记下泵压和悬重。

（7）下探鱼顶，在方钻杆上做好计算碰鱼顶及开始造扣处的位置，慢慢下放，下放过程中要注意防止蹩泵。

（8）公锥插入落鱼水眼有两种情况：

①鱼顶很正时，缓慢下放钻具，公锥较容易进入落鱼水眼；

②鱼顶较偏时，公锥不容易进入落鱼水眼，可慢慢转动转盘，改变钻具方向探找鱼顶。

（9）碰到鱼顶，插入水眼时，悬重下降，泵压上升，用手摸方钻杆有挂丝的感觉；注意鱼顶方入记号。

（10）当确认公锥已插入落鱼水眼后，停泵加压 10kN 造扣。同时注视指重表，控制转盘转数，边转边放，逐渐加压造扣，每进扣一圈，加压 10 ～ 20kN。

（11）加压造扣时，转盘应转半圈，松回（摘掉开关），再转半圈多，松回（摘掉开关）再转一圈。

（12）待造扣 3 ～ 4 圈后，开泵试压，若泵压上升，停

泵继续造扣，但最多不超过钻具限制的扭转圈数。

(13) 造扣时悬重逐步上升，司钻可将刹把放松一点，使造扣压力随时跟上。

(14) 造扣时，若下部落鱼跟着一起转动，可增加造扣压力 30 ~ 50kN，多造几圈。

(15) 若落鱼带有钻头，在造扣后，加上钻压钻进 10 ~ 20min，使公锥造成的扣更牢，然后起钻。

(16) 当方钻杆造完扣后的方入符合要求时，开泵循环，冲洗钻头上沉积的岩屑，在泵压正常后，可试提检验。

(17) 打捞可靠性检查方法：

①试提打捞管柱，若有遇卡现象，可以超过悬重（包括落鱼）100kN，多次上下活动，直至解卡；

②解卡后，再往上提 5m 左右，猛刹几次，确信造扣牢靠方可起钻。

(18) 特殊情况的打捞：

①落鱼弯曲，鱼顶下移，可使用弯钻杆带公锥探找鱼顶；

②鱼顶在“大肚子”井眼部位偏向一侧，可使用公锥带壁钩探找鱼顶；

③落鱼断成几段，可以超过鱼顶深度探找，如无效，可利用电测探找鱼顶；

④鱼顶形状不规则，可采用先磨平鱼顶，再用铣锥磨铣水眼，然后下入公锥或带引鞋的公锥进行打捞。

母锥的使用操作与公锥操作不同的是，停泵后加压 10 ~ 50kN 左右造扣，每进扣一圈再加压 10 ~ 50kN，继续造扣。

248．使用公锥、母锥打捞操作的注意事项有哪些？

答：(1) 造扣后起钻，应采用旋绳卸扣，严禁用转盘卸扣。

(2) 起钻速度应控制在I挡范围。

(3) 严禁猛刹、猛顿，不准硬性提拉，防止提钻中途落鱼脱落。

(4) 公锥、母锥与钻杆连接要卸开，严禁单根带着公锥、母锥甩到场地上。

249．卡瓦打捞筒的用途是什么？打捞原理是什么？

答：卡瓦打捞筒是打捞井下钻杆、钻铤、油管等外径平滑落鱼的一种工具。

原理：卡瓦打捞筒是将落鱼顶部套入卡瓦之内，靠上提钻具使卡瓦和落鱼产生相对位移，促使卡瓦收缩，紧紧包住鱼顶，将落鱼捞获。如果落鱼被卡无法上提，可用下击器下击使卡瓦张开，再正转退出卡瓦打捞筒。

250．如何使用卡瓦打捞筒进行打捞操作？

答：(1) 选择大于落鱼鱼顶外径1 ~ 2mm卡瓦打捞筒。

(2) 画出卡瓦打捞筒草图，注明尺寸H、d、d_1、D，如图10−2所示。

(3) 配打捞管柱，自下而上顺序为：卡瓦打捞筒 + 安全接头 + 下击器 + 钻杆。

(4) 下钻至鱼顶以上0.3 ~ 0.5mm处开泵冲洗鱼头，记下泵压和实际鱼项方入，停泵打捞。

(5) 慢慢转动转盘，同时慢慢下放钻具，将鱼头套入引鞋内，停止转动。如发现在卡瓦处遇阻，应加压5 ~ 50kN，

使鱼头进入卡瓦。

（6）上提钻具，若悬重增加，证明抓住落鱼。

（7）开泵循环钻井液，同时将落鱼提离井底 4 ～ 5m，猛刹车 2 ～ 3 次，如悬重下降，证明落鱼已卡牢，方可起钻。如没有捞上，可重复上述操作，再捞几次，如仍捞不上，起钻，待采取措施。

（8）当卡瓦打捞筒提出转盘面后，用卡瓦卡住落鱼，用下击器向下击一下，松开卡瓦，然后用大钳顺时针打捞筒，甩至场地。

（9）如无下击器，可用方钻杆向下顿一下卡瓦即可退开，再用大钳顺时针拉开卡瓦打捞筒，甩至场地。

（10）使用打捞筒打捞过程中的几种特殊情况的处理：

①打捞中，若落鱼卡死，循环不通，可下放钻柱，给打捞筒加压 200 ～ 500kN，使卡瓦松开落鱼，然后正转转盘，同时慢慢上提钻具，直至卡瓦全部退出；

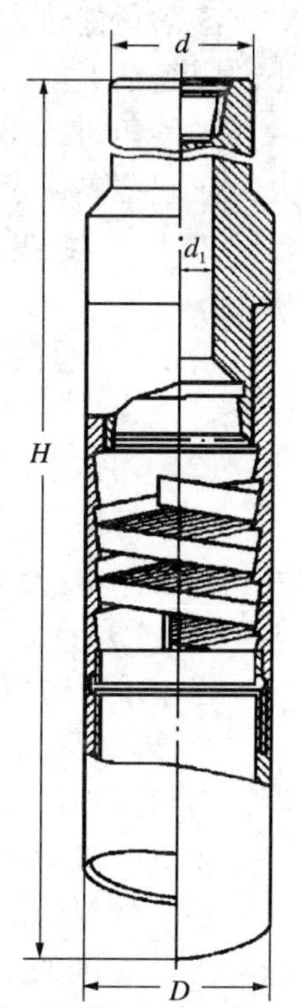

图 10–2　卡瓦打捞筒

②引鞋套不上鱼头，说明鱼头偏斜，需起出打捞管柱，更换打捞钻具；

③落鱼能进行引鞋，鱼头入铣鞋时遇阻，说明鱼顶有毛刺或变形，这时可加压 10 ～ 20kN，用一挡磨铣 30min；

④若磨铣无效，应起出打捞管柱，再下磨鞋，修好鱼头后，再进行打捞；

⑤落鱼能进入铣鞋，但不能进入卡瓦，说明卡瓦内径偏小，应起钻更换止瓦；

⑥落鱼进入卡瓦，但不能将落鱼卡牢，说明卡瓦内径偏大，应起钻更换卡瓦。

251．使用卡瓦打捞筒打捞时的注意事项有哪些？

答：(1) 打捞成功后，应控制起钻速度，不能猛顿猛放。

(2) 起钻中，用旋绳卸扣，严禁转动转盘。

(3) 打捞和松脱落鱼，必须正转，禁止反转。

252．反循环打捞篮的用途是什么？主要由哪几部分组成？

答：反循环打捞篮主要用于打捞牙轮或小件落物。

反循环打捞篮是由接头、阀球、阀杯、阀座、筒身（外筒、内筒）、岩心爪和铣鞋等部件组成。

253．反循环打捞篮的打捞原理是什么？

答：当投入的阀球落到阀座上以后，钻井液便绕阀径内筒与外筒之间的通道，从外筒四周小孔向下喷射，将井底落物冲向打捞篮的筒体内。钻井液再上返通过筒体并经上端的四个孔返至环形空间，形成局部反循环。

254．如何使用反循环打捞篮进行打捞？

答：(1) 根据井眼尺寸，落物形状、大小、地层软硬，选择相应的打捞篮、岩心爪、铣鞋。

(2) 画出反循环打捞篮的草图，如图 10−3 所示。

(3) 打捞钻柱结构自下而上顺序为：反循环打捞篮 + 钻铤 + 钻杆。

(4) 下钻距井底 1m 处，接方钻杆开泵循环 10min，将

筒内泥砂冲洗干净。

(5) 卸开方钻杆，投入钢球，再接上方钻杆开泵循环（投球后泵压增加 3MPa 左右为正常）。

(6) 低速启动转盘，慢慢下放钻柱到井底，轻轻拨动落物，如果蹩跳减轻，说明落物被拨入筒内。

(7) 加压 30 ~ 50kN，铣进 0.3 ~ 0.4m，停泵拔心。

(8) 上提钻具 1 ~ 2m，再下放探方入，能放到原方入，说明没捞上或岩心掉落，应重新打捞。

255．使用反循环打捞篮进行打捞时的注意事项有哪些？

答：(1) 打捞篮外部螺纹要双钳紧扣。

(2) 铣进进尺加落物长应不小于打捞篮内长度。

(3) 割心时先转动甩心，再上提拔心。

图 10–3　反循环打捞篮

(4) 起钻时，不得用转盘卸扣。

256．可退式卡瓦打捞矛的用途是什么？由几部分组成？

答：可退式卡瓦打捞矛是主要用于打捞钻杆本体、油管、套管的一种工具，也是使用内割刀的必备工具。

可退式卡瓦打捞矛由心轴、卡瓦、释放环和引鞋四部分组成。

257. 可退式卡瓦打捞矛的工作原理是什么？

答：将可退式卡瓦打捞矛的卡瓦插入落鱼内腔的预定位置，向左旋转一整圈（深井或斜井则旋转两圈），然后上提打捞钻具，使卡瓦沿捞矛中心管相对下滑，捞矛外径扩大，使卡瓦外齿咬住落鱼内壁，从而捞住落鱼。当落鱼被卡后，用下击器下击，然后正转上提，将打捞矛取出。

258. 简述可退式卡瓦打捞矛打捞的操作步骤。

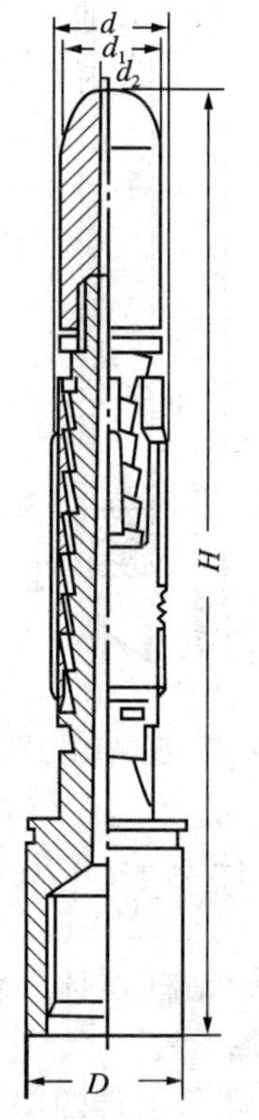

图 10–4　打捞矛

答：(1) 根据落鱼水眼尺寸，选择打捞矛。

(2) 画出打捞矛草图，注明尺寸 d、d_1、d_2、H、D，如图 10–4 所示。

(3) 配打捞管柱，自下而上顺序为：打捞矛 + 下击器 + 钻杆。

(4) 慢慢下放钻具探鱼顶，使打捞矛进入落鱼内预计深度，加压 10 ~ 50kN，慢慢上提钻具，若悬重增加，证明打捞成功。

(5) 捞住落物后，逆时针旋转钻柱 1 ~ 1.5 圈，再上提钻柱。

(6) 下放打捞钻具时，若探不到鱼顶，可旋转钻具以不同方向下探，但不得不过鱼顶 1m。若仍探不到鱼顶，则应起出打捞矛，换弯钻杆再探鱼顶。

(7) 若落鱼被卡，可在井架及钻具安全负荷范围内上提钻柱，施行向上震击解卡，若不解卡，则应退出打捞矛起钻。

（8）退出打捞矛操作：

①上提钻具，用下击器件下击 1 ～ 2 次；

②再上提钻具到比下钻悬重多 10 ～ 20kN，慢慢正转，当看到指重表悬重恢复到原悬重，立即停转；

③重复（2）的操作，直到脱离落鱼，起钻。

259．可退式卡瓦打捞矛的使用注意事项有哪些？

答：（1）捞获起钻时，操作要平稳，轻提轻放，严禁转盘卸扣。

（2）地面下击退出打捞矛时，要将井口清理干净，密封好，防止落物掉入井内。

（3）在打捞过程中，需震击解卡时，人员要撤离到安全位置。

260．磁铁打捞器有几种类型？用途是什么？由哪几部分组成？

答：磁铁打捞器分正循环和反循环两种类型，两者使用操作方法基本相同。

磁铁打捞器主要用于打捞掉入井内的钻头零部件、大钳牙、卡瓦的牙板和碎铁之类的铁金属小物件。

磁铁打捞器是由接头、本体、上磁极、下磁极、衬筒、磁铁芯子、引鞋等组成。

261．简述磁铁打捞器的操作步骤。

答：（1）根据井径选定合适的磁铁打捞器，其最大外径比井眼小 10 ～ 25mm。

（2）测量各部分尺寸，绘制草图，注明尺寸 d、d_1、d_2、L、D，如图 10–5 所示。

（3）配打捞钻柱，自下而上顺序为：磁铁打捞器 +1 ～ 2

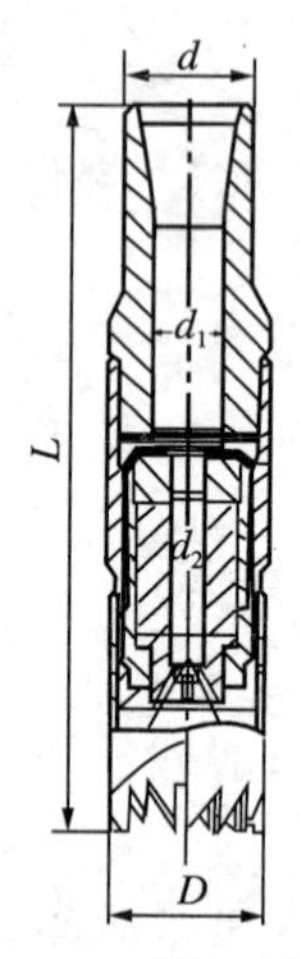

图 10–5　磁铁打捞器

柱钻铤 + 钻杆。

(4) 下打捞钻柱至井底 2 ~ 3m 处，接方钻杆，在方钻杆上做打捞方入记号。

(5) 慢慢下放钻柱，当磁铁打捞器距井底 0.5m 处时，启泵循环冲洗 20min 左右。

(6) 按方钻杆上打捞方入的记号，在一个圆周内的不同方向多次下放打捞，加压 5 ~ 10kN，如果各方向上方入一致，说明落鱼未捞上，可轻转转盘拨动落物，再捞，直到捞住落物。

(7) 如落物小，地层较软，可开小排量，轻压落物（<5kN），慢转钻进 3 ~ 5cm，再停泵打捞。

262．使用磁铁打捞器的注意事项有哪些？

答：(1) 下放加压不允许超过 10kN，以防落物压入地层。

(2) 正循环磁铁打捞器不许开泵打捞，反循环磁铁打捞器可开泵打捞。

(3) 捞获起钻时，操作要平稳，轻提轻放，不得用转盘卸扣，必须用吊钳松扣，悬绳卸扣。

263．磨鞋的用途是什么？由几部分组成？

答：磨鞋主要用于磨碎井底不易打捞的落物或修整井下落鱼鱼顶。

磨鞋是由接头、胎体、工作齿通过焊接或镶嵌浸铜加焊而成。根据磨鞋的底部形状分为平底磨鞋、锅底磨鞋，其中

平底磨鞋使用最广。

264．磨鞋的操作步骤是什么？

答：(1) 选择小于井眼直径 20 ～ 50mm 的磨鞋。

(2) 磨鞋硬质合金块镶嵌完好，水眼畅通，螺纹及台肩完好，否则不准入井。

(3) 绘出磨鞋草图，注明尺寸，如图 10–6 所示。

(4) 配钻柱自下而上为：磨鞋 + 钻铤 + 钻杆。

(5) 下钻柱至落物以上 1m 处，停止下钻，接方钻杆，开泵循环 10min，然后再下放钻柱到底，加压 20 ～ 50kN，低速磨铣。

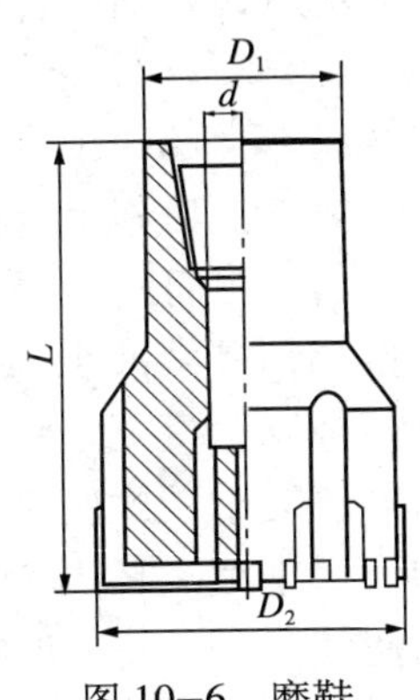

图 10–6　磨鞋

(6) 每磨 20 ～ 30min，停泵上提钻柱，再下放钻柱压住落物开泵继续磨铣。

(7) 磨铣中若发现泵压升高，转盘扭矩减小，说明磨鞋牙齿已磨平，应起钻换磨鞋。

265．磨铣过程中的注意事项有哪些？

答：(1) 起磨鞋、下磨鞋要控制速度，以防因阻卡产生较大的波动压力。

(2) 在磨铣过程中，要控制蹩钻，保持平衡操作。

(3) 磨铣过程中，每隔 15min 取一次砂样，分析铁屑含量。

(4) 磨铣过程中，上提钻柱若遇卡，不得硬拔，应下放转动钻柱，慢慢上提。

266. 随钻打捞杯的用途是什么？由哪几部分组成？

答：随钻打捞杯是随钻头一起下入井内，捞取掉在井内的钻头脱齿、断齿、弹子等粒状落物。

随钻打捞杯是由主体和杯筒焊接而成，主体上下部均为内螺纹，上部与钻铤相接，下部与钻头连接。

267. 随钻打捞杯的打捞原理是什么？

答：当打捞杯随钻头下到井底时，井内粒状金属落物被大排量钻井液冲至杯筒上方，由于钻井液上返流道在钻头与打捞杯以上变宽，钻井液流速开始减小，使金属落物沉到杯筒内。对于粒度较小的落物则采用停泵的办法，使其在自重的作用下沉入杯内。对于粒度较大的落物，则采用循环的办法使其落入杯筒，达到打捞的目的。

268. 简述随钻打捞杯的操作步骤。

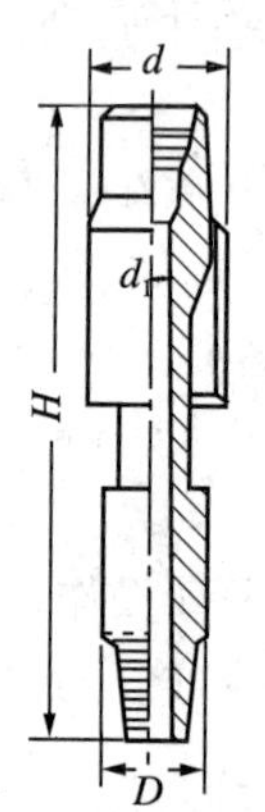

图 10–7　随钻打捞杯

答：(1) 选择打捞杯，画出草图，注明尺寸，如图 10–7 所示。

(2) 配打捞钻柱，自下而上顺序为：钻头 + 随钻打捞杯 + 钻铤 + 钻杆。

(3) 下钻，当钻头下至距井底 0.5m 时，开泵循环，同时用 I 挡车转动钻头，同时缓慢下放钻柱到井底。

(4) 循环 10 ~ 15min，停止转动并停泵 2 ~ 3min，然后上提钻柱，重复以下打捞操作。

(5) 打捞完毕即可钻进。在钻进结束后准备起钻时，再重复以上打捞操作，进行再次打捞，便可起钻。

269．随钻打捞杯使用时的注意事项有哪些？

答：(1) 打捞下钻中途不能开泵循环，也不能划眼。

(2) 在钻柱上装打捞杯时，大钳不能咬在杯筒上，以免损坏杯筒。

(3) 若杯筒直径大于钻铤外径时，起至套管鞋处，应用低速起钻，以防碰挂。

270．印模的用途是什么？分哪几种？

答：印模的用途是判别井下落鱼的倾倒方向及鱼顶形状，为下一步处理措施和选用打捞工具提供依据。

印模一般分为铅模、蜡模和泥巴模。现场常用的是铅模。

271．简述印模的使用操作步骤。

答：(1) 根据井径选择铅模，画好草图，注明尺寸，如图 10−8 所示。

(2) 配钻柱，自下而上顺序为：铅模 + 钻杆。

(3) 下钻至距鱼顶 0.5m 处开泵。冲洗鱼顶，并控制下钻速度。

(4) 停泵打印：

①对于较平整的鱼项加压 15 ~ 50kN，打印后采用定向起钻方式起钻；

② 对于尖刃型鱼项，用小于 15kN 的压力打印，然后定向起钻（即转盘以下钻具严禁转动）。

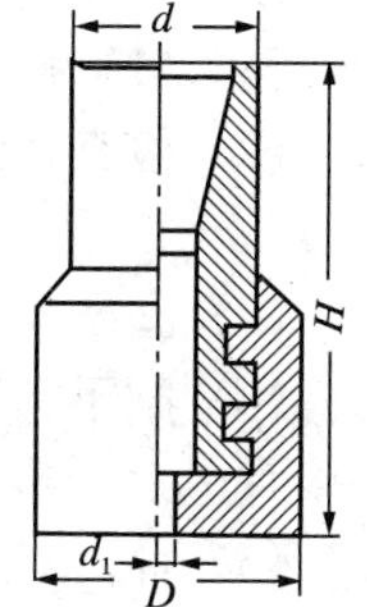

图 10−8　印模

272．印模的使用注意事项有哪些？

答：(1) 下印模时，若遇阻可提起转动一下转盘，换个方向下入，严禁硬冲硬通。

(2) 打印时，不要探鱼顶，应下放钻具一次打成。

(3) 印模打印，只能打印一次，不能重复打印。

273. 安全接头的作用是什么？由哪几部分组成？

答：安全接头的作用是为了使打捞钻具及时解脱，不留在井内，在打捞钻柱上接一个安全接头，以便在打捞钻柱被卡后，倒开安全接头，提出上部钻柱。

安全接头由上接头、下接头和两个O形密封圈组成。

274. 安全接头安装在什么部位？

答：(1) 打捞时，安全接头安装在打捞工具之上，在震击器和其他附属工具之下。

(2) 测试时，安全接头安装在封隔器和地层测试器之上，在震击器和其他附属工具之下。

275. 简述安全接头使用操作步骤。

答：(1) 将安全接头卸开，记录退扣圈数。

(2) 检查密封圈是否完好，螺钉涂好黄油，台肩不得有刻痕。

(3) 画出安全接头草图，注明尺寸，如图10-9所示。

(4) 配下钻打捞管柱，自下而上顺序为：打捞工具＋安全接头＋上击器＋钻铤＋钻杆。

(5) 井内对扣操作：

①入井前，将安全接头外螺纹涂好螺纹油，接上打捞工具；

②下钻至鱼项0.5m处开泵循环冲洗鱼顶；

③停泵、记录悬重；

④慢慢下放钻柱对扣；

⑤对上扣后，加压10 kN左右，慢慢正转转盘，若扭矩

增加，停转盘后出现倒车现象，且悬重增加，证明井内对扣成功。

(6) 井内退扣操作：

①下入钻具，给安全接头旋加 5 ～ 10kN；

②反时针转动 1 ～ 2 圈（定向井或深井钻 2 ～ 3 圈），若无回转且悬重下降，证明扣已倒松，此刻，参考原退扣圈数转动转盘退扣，直到将扣倒开为止；

③上提钻柱，悬重为安全接头以上钻柱重悬，证明已从安全接头处退开，起钻。

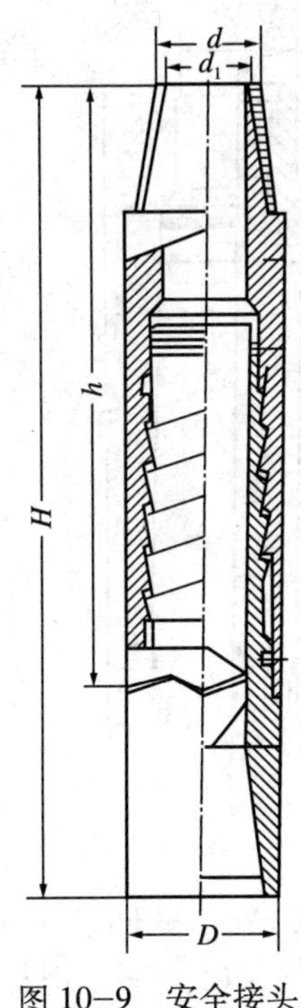

图 10–9　安全接头

276．安全接头的使用注意事项有哪些？

答：(1) 反扣安全接头不能作为随钻工具，只能用于倒扣打捞作业。

(2) 装卸安全接头时，应避免夹持宽齿螺纹和密封部位。

(3) 卸安全接头 O 形圈时，不能用尖锐之物挑出或钩出。装 O 形圈时，在 O 形圈内应用手拨动数圈，允许用榔头垫木块敲击内接头表面。

277．一把抓的用途是什么？由几部分组成？

答：一把抓主要用于打捞钻头牙轮及一些小件落物，主要由筒身、接头组成。

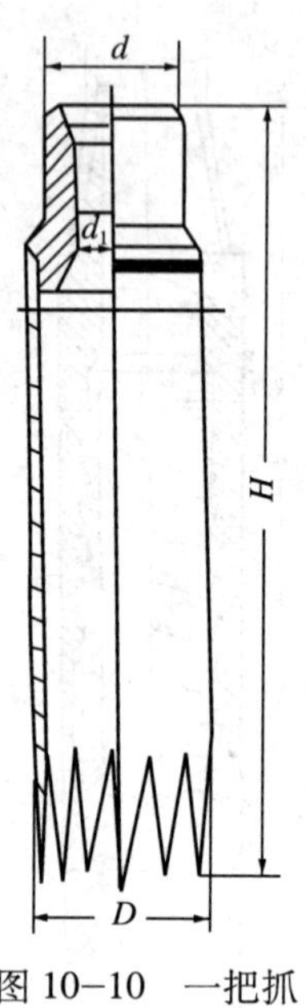

图 10–10　一把抓

278．简述一把抓使用操作步骤。

答：(1) 根据井径选择一把抓，画出草图，注明尺寸，如图 10–10 所示。

(2) 配打捞钻柱，自下而上顺序为：一把抓 + 钻铤（1 ~ 2 柱）+ 钻杆。

(3) 下打捞钻柱至井底，稍微循环钻井液后，停止循环。

(4) 在几个方位上提、下放钻具探方入。

(5) 在方入最多的方位上转动转盘半圈到一圈，加压（压力的大小应根据一把抓抓片的抗弯能力确定），使抓片压弯并包拢，即可起钻。

279．一把抓使用时的注意事项有哪些？

答：(1) 下一把抓时，如果遇阻，不准硬通或划眼，以免折断抓片。

(2) 加压要缓慢均匀，严禁冲击加压。

(3) 转动转盘不能太多，以免抓片扭曲变形或折断。

(4) 在井斜面较大或定向井中不宜使用一把抓。

280．捞绳器的用途是什么？

答：按用途的不同，捞绳器可分为外捞绳器和内捞绳器两种。

(1) 外捞绳器主要用来打捞裸眼井段内的绳类落物。

(2) 内捞绳器主要用来打捞断落在套管内的绳类落物。

281．简述捞绳器的使用操作步骤。

答：内外捞绳器的操作方法相同。

（1）测出井内绳类拉断时，断头所处的井深。

（2）选择外径小于井眼 10 ~ 15mm 的捞绳器。

（3）配打捞管柱：捞绳器 + 钻杆。

（4）下钻，捞绳器下过断绳头的井深后，要减慢下放速度，如有遇阻显示，则停止下钻；若无遇阻显示，可加深下钻至断头井深 150m 以内。

（5）转动钻具一圈，上提 1 ~ 2m，再下放到原下入深度，再转钻具一圈，然后低速起钻。

（6）如果第一次未捞着，要继续打捞时，每次下钻只能增加 100m，直到捞住为止。

282．捞绳器的使用注意事项有哪些？

（1）起钻时，一律用吊钳松扣，旋绳卸扣，严禁转盘卸扣。

（2）在现场焊制外捞绳器时，注意捞绳器钩口不能太大或太小，一般比落井绳的外径大 15mm 左右，捞绳器长为 1.5 ~ 2m。

（3）转动转盘不可多转，以防落绳在井下打扭成团，造成卡钻。

283．泥包卡钻的原因是什么？

答：（1）干钻：

①在钻进时，由于泵不上水或停泵后继续钻进；

②井内钻具被刺穿，造成循环短路。

（2）在松软或高粘性地层钻进时，由于排量不足或钻井液粘度固相含量太高，钻头选型不当，造成钻头泥包。

284．泥包卡钻的现象是什么？

答：(1) 卡钻前，钻头在井底的转动不灵活，有蹩跳现象，停转盘时，出现打倒车现象。

(2) 钻速急剧减慢，有时无进尺。

(3) 钻进中泵压升高，出现憋泵。

(4) 起钻时一直存在卡、挂现象，当起至小井眼时，就有可能被卡死。

285．如何处理泥包卡钻？

答：(1) 如未卡死，应先开泵循环，大排量清洗钻头，如能转动，应启动转盘迅速转动，以甩掉钻头泥包；如已卡死，需倒扣操作，倒出卡点以上钻具。

(2) 接下击器进行震击作业。

(3) 若下击成功，则调整钻井液性能，大排量循环洗井，同时挂Ⅲ挡车进行转动，甩掉钻头上的岩屑。

(4) 若井很深，则采用爆炸松扣的方法进行倒扣作业。

286．如何预防泥包卡钻？

答：(1) 钻进中使用低粘度、低固相含量的优质钻井液。

(2) 在钻速快时，排量不能太小，保证井底的清洁。

(3) 钻头选型要适合钻地层的特征。

(4) 钻进中发现泵压下降时应查找原因。检查泵上水良好、高压管线无漏失及压力表正常时，应起钻检查钻具是否刺穿。

287．泥饼粘附卡钻的原因是什么？

答：(1) 钻井液性能不好、净化较差、失水量大、泥饼厚、泥饼摩擦系数大。

(2) 井眼与地层之间的正压差大。

(3) 钻井液被盐水或石膏浸后，性能变坏。

(4) 活动钻具不及时，钻井液排量又小，井身质量不好。

288．泥饼粘附卡钻现象有哪些？

答：(1) 钻具上提、下放困难，且钻具上下活动范围随着时间的推移越来越小。

(2) 钻具在井内不能转动。

(3) 能开泵循环且泵压正常、稳定。

289．简述处理泥饼粘附卡钻的操作步骤。

答：(1) 在钻杆安全范围内大力活动钻具数次，以减少或消除自由段钻杆与井壁的粘吸；如果无法上下活动，应下压钻具，使钻具形成多次弯曲，以减少钻具与井壁之间的接触面积。

(2) 测卡点。

(3) 计算卡点。

(4) 解卡剂用量计算。

(5) 注解卡剂。

290．卡点深度如何计算？

答：卡点位置可按以下公式计算：

$$H = 9.8K\frac{\Delta L}{\Delta p}$$

式中　H——卡点深度，m；

Δp——上提拉力（两次拉力差），kN；

ΔL——钻具绝对伸长量，cm；

K——卡点计算系数（可通过《钻井手册》查出，也可用 $EF/10^5$ 算出，E 为钢材弹性系数 2.1×10^5，F 为管体截

面积，cm^2)。

291. 如何计算解卡剂用量？

答：求得卡点位置后，用以下公式计算解卡剂用量：

$$Q=0.785[K(D^2-d^2_{外})H+d^2_{内}h]$$

式中 Q——解卡剂用量，m^3；

K——井径附加系数，一般取 1.2 ~ 1.25；

D——钻头直径，m；

$d_{外}$——钻杆外径，m；

$d_{内}$——钻杆内径，m；

H——管外浸泡高度，一般要求泡过卡点以上 50m；

h——管内解卡剂高度，m（根据浸泡时间决定）。

292. 泡油施工中，注油泵压什么时候最高？

答：当总泡油量大于钻柱内总容积时，原油到达钻头时的泵压为最高；当总泡油量小于钻柱内容积时，全部油进入钻具后泵压就达最高，一直持续到油从钻头出来，开始下降。

293. 泡油时最高泵压如何计算？

答：泡油时最高泵压计算公式如下：

$$p=p_1+\frac{H(\gamma_1-\gamma_0)}{100}$$

式中 p——最高注油泵压，MPa；

p_1——用替油排量循环时的泵压，MPa；

H——油在钻柱内的最大高度，m；

γ_1——钻井液的密度，g/cm^3；

γ_0——所泡油的密度，g/cm^3。

294．如何预防泥饼粘附卡钻？

答：(1) 钻井要采用优质钻井液，按设计要求合理选择钻井液密度，以降低井筒正压差。

(2) 钻具上下活动范围要大，钻具在井下直井段静止不能超过3min，在斜井段静止也不能超过3min。

(3) 在钻具中加扶正器，以减少钻具与井壁的接触面积。

(4) 搞好钻井液净化，采取大排量洗井。

295．地层坍塌卡钻的原因是什么？

答：(1) 钻井液失水量过大，浸泡地层时间长。

(2) 钻井液密度过小，当钻进中遇到倾角大或胶结不好的井段则容易坍塌。

(3) 起钻过程中没有向井内及时灌钻井液，或因井漏造成坍塌。

(4) 钻头泥包，在起钻时，由于活塞效应的抽汲作用，造成地层坍塌。

296．地层坍塌卡钻的现象是什么？

答：(1) 从振动筛处可看到，从井口涌出的钻井液中有大块未经切削的上部已钻地层的岩石。

(2) 钻进中突然发生憋泵。

(3) 上提钻具遇卡，泵压上升，甚至憋泵。

(4) 转盘扭矩增大，转动困难。

297．如何处理地层坍塌卡钻？

答：(1) 在钻具的安全负荷范围内，大幅度地活动钻具，并且以转动转盘为主，不可强行上提钻柱。

(2) 若能开泵循环，则采用泡油的方法解卡（同泥饼粘附卡钻及解卡处理操作）。

(3) 若不能开泵循环（或上述两方法解卡无效），则采用震击的方法解卡。

(4) 若震击也无效，则采用套铣倒扣的方法。

298．如何预防坍塌卡钻？

答：(1) 在易塌地层钻井时，使用防塌钻井液。

(2) 在钻进破碎地层时，适当增大钻井液密度。

(3) 起钻时，向井内连续灌钻井液。

(4) 避免钻头泥包，防止因起钻抽汲作用而引起坍塌。

299．沉砂卡钻的原因是什么？

答：沉砂卡钻的原因是钻进中，停泵后，因钻井液悬浮岩屑能力差，岩屑下沉而堵塞环形空间，埋住钻头与部分钻具。

300．沉砂卡钻的现象有哪些？

答：(1) 在接单根或起钻卸开立柱时，钻井液倒返严重。

(2) 接上方钻杆开泵时，泵压增高甚至憋足。

(3) 上提钻具遇卡，下放钻具遇阻，钻具活动范围小。

(4) 转盘不能转动或转动时蹩劲很大，有打倒车现象。

301．如何处理沉砂卡钻？

答：(1) 若开泵能够循环，则采用边循环边活动钻具，边调整钻井液性能的方法，禁止硬提，防止提死。

(2) 若不能解卡，采用泡油的处理方法。

(3) 若泡油无效，用震击器解卡。

(4) 若震击无效，采用套铣倒扣的方法。

302．如何预防沉砂卡钻？

答：(1) 适当增大排量钻进，并提高钻井液的悬浮能力。

(2) 尽量缩短停泵的时间，以减少岩屑下沉机会。

(3) 发现泵压升高及岩屑返出较少时，应控制钻速或停钻活动钻具，加大循环排量，正常后再钻进。

(4) 下钻遇阻不要硬压，要接上方钻杆划眼，通畅后再下钻。

(5) 上提钻具遇卡不要硬拔，要开泵循环，尽量活动钻具。

(6) 接单根时，先上提方钻杆一个单根后，再下滑到底；先停一个泵，再提方钻杆，当方钻杆出转盘面时，再停一个泵，然后再接单根；停泵后再开泵时不要过猛，防止因泵压过高憋漏地层。

303. 缩径卡钻的原因是什么？

答：(1) 在钻进中遇到膨胀性地层（如疏松的页岩、白垩等）或渗透性好，孔隙度较大的地层（疏松的砂岩、孔隙度较大的灰岩）时，易发生缩径卡钻。

(2) 钻井液失水量大、泵排量小、钻井液在环空上返速度较低，在井壁生成一层厚而疏松的泥饼，并在其上面不断沉积粘土颗粒、岩屑、加重剂等物，使井径缩小。

304. 缩径卡钻的现象是什么？

答：(1) 钻具上提时遇卡的位置固定。

(2) 钻具上提困难，下放较容易。

(3) 起出的钻杆接头上带有松软泥饼。

(4) 循环钻井液时泵压增大。

305. 简述处理缩径卡钻的操作步骤。

答：处理缩径卡钻的操作步骤是：

(1) 大排量循环钻井液，同时轻提猛放，转动钻具。

(2) 采取倒划眼将钻具起出复杂井段，不可大力上提，

以免使钻头卡死。

(3) 如果钻头卡死，则从卡点以上把钻具倒开，接下击器向下震击解卡。

306．预防缩径卡钻措施有哪些？

答：(1) 采用低固相、低失水的优质钻井液，如果使用重钻井液应在钻井液中混油。

(2) 活动钻具，直井每隔 3min 活动 1 次，斜井每隔 2min 活动 1 次，特殊情况连续活动钻具。

(3) 下钻时，在遇阻井段要反复划眼，以便增大井径。

(4) 适当增加排量，提高钻井液在环空中的上返速度。

307．砂桥卡钻的原因是什么？

答：(1) 在钻进松软易塌或溶性（如盐岩层）地层时，易发生砂桥卡钻。

(2) 钻井液携带岩屑的能力差，在井径扩大的井段，钻井液上返速度减慢，形成涡流，造成砂桥卡钻。

(3) 停泵时间长，岩屑下沉与该处堆积的坍塌物混合而形成砂桥，造成卡钻。

308．砂桥卡钻的现象是什么？

答：(1) 钻具上提遇卡，但可以下放。

(2) 转盘转动困难。

(3) 开泵时，泵压升高，有时出会现憋泵现象。

309．简述处理砂桥卡钻的操作步骤。

答：(1) 从卡点以上把钻具倒开，接下击器震击解卡。

(2) 如震击无效，采用泡油解卡。

(3) 若泡油无效，采用套铣倒扣解卡。

310．砂桥卡钻的预防措施有哪些？

答：(1) 选用优质钻井液钻进，适当提高粘度、切力，

避免出现大肚子井段。

（2）停泵时间不能超过3min，大排量循环钻井液。

311．键槽卡钻的原因是什么？

答：键槽卡钻的原因是在钻井过程中出现急弯井段及遇到中—硬地层时，由于起下钻次数多，在井壁上下拉刮，形成键槽卡钻。

312．键槽卡钻的现象是什么？

答：（1）卡钻前钻杆接头偏磨严重，下钻不遇阻，钻进正常。

（2）起钻到有急弯井段，经常遇卡，且卡点位置固定，并随井深增加而逐渐严重。

（3）钻具只能下放，不能上提。

（4）循环钻井液泵压正常，即使钻具卡死后仍能正常循环钻井液。

313．简述处理键槽卡钻的操作步骤。

答：（1）如果钻具没有被卡，可下砸钻具解卡，然后转动钻柱，改变钻头方位，以小负荷试提，猛挂转盘气开关，使钻具晃动跳出键槽。

（2）若上述步骤无效，则泡油，接下震击器震击解卡。

（3）若井很深，卡得较死，利用倒扣的方法从键槽处倒开，起出钻具。

（4）下带井眼扩大器和下震击器的钻具，对好扣，下击解卡，破坏键槽。

314．键槽卡钻的预防措施有哪些？

答：（1）保证井眼质量，避免钻出急弯井段。

（2）使用高效能钻头，提高钻速，减少起下钻次数，避免在急弯处久磨，在未形成键槽卡钻前完钻。

(3) 在钻井中应经常划眼，及时破坏键槽卡钻。

(4) 起钻到键槽井段应用低速慢起，严禁使用高速起钻。

315. 什么是落物卡钻？

答：因井下落物造成的钻柱卡钻事故称为落物卡钻。

316. 落物卡钻有何特点？

答：出现卡钻很突然，遇卡后卡点不随时间上移，且可正常循环钻井液。

317. 怎么样预防落物卡钻？

答：(1) 起下钻操作时，严防物体从井口掉入，按规定检查井口工具。

(2) 发生落物事故后，在未卡死之前（钻具可旋转，上提下放有一定的范围），尽量采用旋转钻具的方法将落物鳖入井壁，遇卡时严禁死提硬拔，以防上提卡死。

(3) 空井时应将井口盖好。

(4) 表层和中间套管在下入时，尽量留较少的口袋，以免在固井水泥凝固后，再进行钻进时，由于水泥环较长，容易脱落造成卡钻。

318. 发生落物卡钻时如何处理？

答：(1) 上提下放活动钻具或轻轻转动钻具，将落物鳖入井壁（注：必须在钻具扭转系数范围之内进行，严防扭断钻具）。

(2) 钻具接下震击器，进行震击解卡。

(3) 将钻具倒开进行套铣处理。

319. 井漏的原因是什么？

答：(1) 地层压力低、孔隙度大、渗透性好。

(2) 地层有裂缝或溶洞。

(3) 钻井液密度过大，造成钻井液柱与地层的正压差过大。

(4) 下钻过快，造成激动压力。

(5) 开泵过猛，泵压高，憋漏地层。

320．井漏的现象是什么？

答：(1) 钻进中钻井液池液面下降。

(2) 井口返出钻井液量明显减少，严重时钻井液有进无出。

321．井漏有几种类型？如何判断？

答：井漏的类型有渗透性漏失、裂缝性漏、溶洞性漏失三种。

(1) 钻进中，由于钻井液密度过大，发生漏失。漏速小于 $10m^3/h$，但是可以建立循环，泵入的钻井液量多，返出的量少，此种漏失属于渗透性漏失。渗透性漏失常发生在渗透性良好的砾岩中。

(2) 钻进中钻速突然变快，转盘有蹩跳现象，随后发生井漏，漏速为 20 ~ $100m^3/h$，漏失后常引起井喷，此种漏失属于裂缝性漏失。裂缝性漏失常发生在裂缝育的地层。

(3) 钻进中，钻到到大溶洞，钻具放空达 4 ~ 5m 以上，钻井液循环有进无出。漏速在 $100m^3/h$ 以上，井漏后易造成井喷或井塌卡钻事故，此种漏失属于溶洞性漏失。溶洞性漏失常发生在石灰地层。

322．简述渗透性漏失的处理步骤。

答：(1) 开动振动筛、除砂器、除泥器，在井下情况允许的条件下，尽量降低钻井液密度。

(2) 在钻井液中加入增粘剂，提高粘度。

(3) 适当减小循环排量。

（4）向漏失井段注入高粘度的钻井液，起钻静止堵漏。

323．简述裂缝性漏失的处理步骤。

答：（1）立即停钻停泵，应起钻静止堵漏或准备充填堵漏材料。

（2）对已知的漏层，在钻达漏层以上10m左右时则要停钻处理钻井液，起钻换钻头。根据地层选用合适的普通牙轮钻头并取下喷嘴，检修设备，搞好穿漏设计。

（3）穿漏前全井钻井液提高粘度不低于100s。1号泵上水罐搅拌好贝壳渣备用，2号泵上水罐备好锯末钻井液。

（4）启动2号泵循环，慢慢活动牙轮钻头，待锯末返出井口可加足钻压，用Ⅱ挡或Ⅲ挡钻进，泵压不超过6MPa。若进入漏层后蹩钻严重可改为Ⅰ挡钻进。

（5）仔细观察井口返出情况，若返出量很少可强行钻进，穿过漏层10 m立即起钻静止堵漏。若钻井液只进不出，在钻井液充足的情况下可继续钻进，同时用1号泵注入贝壳渣钻井液，待井眼注满即可起钻静止堵漏。

324．简述大裂缝大溶洞漏失的处理步骤（以充填与堵漏剂复合堵漏为例）。

答：（1）立即停钻停泵，起出井内钻具。

（2）下光钻杆至漏层以上1～3m处。

（3）钻柱顶部接三通漏斗接头。漏斗便于投入砂石，旁通接头可以连接水龙带。

（4）投入砂石、水泥球等堵漏材料。在从钻柱内泵入清水的同时由漏斗处连续投入砂石。砂石要大、中、小搭配合适，以大为主，最大尺寸不能大于钻具最小内径的2/3。

（5）用钻具探井底有无砂石垫。每投1m^3砂石，探一次井底，确定井底有无砂石垫，以及砂石垫是否随投入量的增

大而升高。如果投入 $10m^3$ 后，仍探不到砂石垫，则要换用其他堵漏方法。

（6）注堵漏钻井液或水泥浆，若能恢复循环，可关井挤压，挤入部分浆液。

（7）若井底能形成砂石垫，如果一次不能堵漏，则可堵挤两次、三次，直至堵住漏层。

325．处理井漏的技术要求有哪些？

答：（1）静止堵漏后再下钻时，必须分段循环。

（2）强行穿漏时，设备必须完好；堵漏钻井液和堵漏材料必须准备充足。

（3）钻井液加入堵漏材料后，不能使用振动筛。

（4）穿过漏层堵漏后，严禁在漏失井段开泵。穿过漏层 50 m 后可逐渐降低钻井液粘度，但最低不少于 40 s。

（5）堵漏使用的固相材料的粒径要与漏层孔隙相当。

（6）钻井液准备不足时，决不可冒险钻进，一定要留有两倍于井眼容积的钻井液以便用于强行起钻。

（7）光钻杆应保持尽可能大的内径，不许有小水眼接头，下钻时每个立柱都要用内径规通内径。

（8）关井挤堵漏浆液时，绝不可把浆液挤光。

326．在钻井中常见的工程事故有哪些？

答：（1）钻井井下工程事故（坍塌、井漏等）。

（2）落物事故。

（3）断钻具事故。

（4）卡钻事故。

（5）井喷及井喷失控事故。

（6）顿钻事故。

327．什么叫钻头事故？

答：在钻进过程中所发生的钻头事故，包括牙轮钻头掉牙爪、牙轮，蹩断牙爪、牙齿、牙轮；刮刀钻头蹩断刀片、接头，PDC 钻头脱落或人造聚晶金刚石、天然金刚石脱落等，统称钻头事故。

328．在钻进中发生蹩断刮刀片的原因是什么？

答：(1) 刮刀钻头存在质量问题，如刀片粘接、烧接、焊接造成的质量问题。

(2) 送钻不均钻遇软硬交错地层夹层时将刀片蹩断。

(3) 钻压过大吃入地层深，将刀片蹩断。

(4) 由于操作失误，造成溜钻、顿钻等。

329．怎样处理刀片事故？

答：(1) 下旧刮刀钻头将刀片蹩入井壁。

(2) 如刀片不能蹩入地层，则下强磁打捞器打捞。

(3) 下磨鞋将刮刀片磨掉。

(4) 下反循环打捞篮打捞。

330．怎样预防断刀片事故？

答：(1) 选用质量合格的刮刀钻头，并经检查、探伤，刀片应在同一水平面上高差 2 ~ 3mm。

(2) 精心操作，均匀送钻，严防溜钻、顿钻事故发生。

(3) 正确操作，按设计施工，根据钻具组合和地层井深按要求操作。

331．牙轮钻头钻进时，掉牙轮的原因有哪些？

答：(1) 牙轮钻头存在质量问题，如牙轮装配不符合要求、牙轮体焊接不牢等。

(2) 开始钻进时未活动好牙轮，造成卡牙轮，钻进中牙轮偏磨损坏后掉井内。

(3) 加压过大将牙轮壳体压裂后掉井内。

(4) 超时间使用轴承磨坏后牙轮掉井内。

(5) 在钻进中发生溜钻、顿钻，使牙轮卡死偏磨或压裂后掉井内。

(6) 由于钻井液性能不好，钻头泥包，造成牙轮卡死。

332. 怎样防止掉牙轮事故？

答：(1) 选择质量符合要求的牙轮钻头。

(2) 开始钻进时一定要轻压活动好牙轮。

(3) 精心操作、均匀送钻，严防溜钻、顿钻、钻头泥包。

(4) 按照牙轮钻头出厂使用说明书要求正确使用钻头。

(5) 不准超时使用钻头。

(6) 使用钻头扭矩仪。

333. 怎样处理牙轮掉井事故？

答：(1) 下强磁打捞器打捞。

(2) 下反循环打捞篮打捞。

(3) 下磨鞋将牙轮磨掉。

334. 发生断刀片和掉牙轮后继续钻进有何危害？

答：(1) 断刀片和掉牙轮后应及时起钻处理，继续钻进时，因钻头受力不均，发生倾斜，从而导致井斜。

(2) 刀片和牙轮掉在井底，钻头转动困难，往往发生蹩钻、打倒车，造成卡钻事故甚至将钻具蹩断，损坏传动设备。

335. 怎样判断钻头事故？

答：(1) 在钻进中钻头断刀片或牙轮掉落时，转盘扭矩增加，动力设备负荷加重，会突然发生严重蹩跳钻或打倒车。

(2) 上提划眼时，钻具转动自如，划眼接触到刮刀片或

牙轮时蹩跳严重无进尺。

(3) 钻具悬重无明显变化和泵压有轻微异常显示。

336. 钻头起出后，出现断齿是什么原因?

答：(1) 牙齿形状与地层岩性不匹配，易犇断。

(2) 井底不干净有金属落物。

(3) 操作不合理，溜钻、顿钻或钻压太大。

(4) 装卸或下井不小心磕坏。

(5) 牙齿本身质量差。

337. 钻头起出后，出现掉齿是什么原因?

答：(1) 排量太大或含砂太高冲蚀了胎体，造成了牙齿脱落。

(2) 镶嵌质量差。

338. 钻头起出后，牙齿磨损严重是什么原因?

答：(1) 钻遇砾石、石英砂岩等研磨性极强的地层。

(2) 钻速太高，而钻压太小。

(3) 牙齿本身耐磨性能差。

339. 钻头起出后，外径磨损严重是什么原因?

答：(1) 钻遇石英砂岩、燧石等研磨性极强的地层。

(2) 划眼时间太长、钻速太高。

(3) 钻头保径质量差。

340. 钻进中如何判断牙轮已晃动?

答：在井底干净井眼正常的情况下，加压钻进会出现间断蹩跳，转盘负荷时轻时重，扭矩表显示忽高忽低，蹩跳无规律，停转盘一般有蹩劲，但不打倒车，把钻头提离井底转动正常。

341. 钻进中如何判断牙轮已卡死?

答：在井底干净，井下情况正常时，加压钻进会出现转

盘负荷加重，扭矩表显示增大，停转盘有倒车现象，把钻头提离井底转动正常。

342．钻进中如何判断牙轮已磨秃？

答：钻压正常，转盘负荷正常，泵压正常，上提下放均正常，但进尺很慢，甚至无进尺。

343．钻进中泵压突然升高是什么原因？

答：(1) PDC钻头发生溜钻，牙轮钻头在软地层发生溜钻。

(2) 井塌。

(3) 钻头水眼被堵。

(4) 刮刀钻头的刮刀被蹩断。

(5) 钻杆胶皮护箍大量脱落挤在一起。

(6) 用过以柴油为主的解卡剂之后，水龙带及其他橡胶件被严重腐蚀，有大块胶皮脱落。

344．钻进中牙轮掉了有哪些显示？

答：出现严重蹩跳，停转盘严重打倒车，泵压无变化，钻头提离井底转动正常。如钻头提离井底转动也不正常，则说明井下出现了井塌等复杂情况，并非牙轮掉了。

345．钻头下井前应当做哪些检查？

答：(1) 检查螺纹及台肩有无损伤。

(2) 检查牙轮轴承是否完好。

(3) 检查牙齿是否完好，是否有咬齿现象。

(4) 检查水眼安装是否合理。

(5) 检查扣型与配合接头是否一致。

346．装卸钻头的注意事项有哪些？

答：(1) 必须用标准的钻头装卸器（钻头盒）进行装卸，特别是PDC钻头更应如此。

(2) 上紧前，首先应当用人力将扣上完，然后放入钻头盒内拉紧。

(3) 配有双锚头的钻机，必须用内钳先拉松再卸扣，不许用转盘绷扣。

(4) 严紧用钻链把钻头压住，然后用转盘倒转的方法上钻头。尺寸较大的钻头，也应用人力推转钻铤，上完扣，再拉紧。

347. 钻头起出后，通常要对钻头进行哪些检查？

答：(1) 轴承晃动情况。

(2) 牙齿磨损情况。

(3) 外径磨损情况。

(4) 有多少颗掉齿和断齿。

(5) 水眼冲蚀情况。

348. 什么是钻具事故？

答：井内钻具扣被倒开、螺纹脱扣滑扣，钻具断扣，本体刺坏以至被扭断，均称为钻具事故。

349. 钻具螺纹倒开的原因是什么？

答：(1) 钻具螺纹未上紧。

(2) 违章操作，用倒挡上扣将扣倒开。

(3) 井下突然出现复杂情况，转盘打倒车，钻具倒开。

350. 钻具螺纹未上紧为什么在下钻过程中扣会被倒开？

答：钻井过程中，井眼沿轴线呈螺旋形。在下钻过程中，钻具紧贴井壁一侧并沿螺旋井眼顺时针下入，此时就有一个反时针方向的摩擦力作用在钻具上，因而在扣松的情况下容易被倒开。

351．为什么规定在下钻或接单根时不准用倒挡上扣？

答：因用的是正扣钻杆，用倒挡上扣时，井内钻具是反转的，所以很容易将扣从较松处倒开。

352．为什么不准将螺纹磨损超过标准的钻具下入井内？

答：由于螺纹磨损超过标准，螺纹之间连接强度低，钻具在上提下放过程中，由于强度低易脱扣，或钻井液易将扣刺坏而脱扣。

353．井口不紧扣有什么危害？

答：井口不紧扣，在下钻中易被倒松扣，钻进时不仅磨扣严重，因受力不均外螺纹易断或扣被钻井液刺坏后脱扣。

354．有的钻杆为什么会被钻井液刺穿后扭断？

答：有的钻杆本体内有砂眼，由于内壁受钻井液磨蚀和冲刺，外部受磨损，将有砂眼处刺磨穿，刺坏后强度低而被扭断。

355．旧钻杆为什么常发生本体扭断事故？

答：(1) 长期使用的钻杆强度降低，可发生疲劳破坏。

(2) 旧钻杆本体磨损严重，壁薄强度低，在井下受剪切力、扭转压力作用，易发生折断事故。

356．钻具为什么要定期探伤？

答：钻具在使用过程中会发生疲劳损伤，出现内裂纹，肉眼不易发现，用无损探伤方法就可发现和避免钻具事故。

357．从钻台上向场地绷钻具与断钻具有无关系？

答：从钻台上向场地绷钻具，正确方法是双毛头抬下，并带好护丝，否则易将扣碰坏、本体砸坏或出现肉眼不易发现的裂纹，若将这样的钻具下入井内，就易发生钻具事故。

358．发生断钻具事故，对钻井生产有何影响？

答：打捞折断钻具要影响正常生产，而当落鱼被卡时，增加了处理事故的难度，甚至造成事故恶化，报废井眼。

359．怎样判断井下钻具本体被扭断？

答：钻具扭断时，首先是指重表悬重降低，扭矩减小，发生严重蹩跳钻、泵压下降，继续钻进时下放钻具，断口弥合，泵压回升，上提时泵压又下降。

360．钻具已断，指重表和泵压表不灵，如何处理？

答：首先恢复校正指重表及泵压表的灵敏可靠性，判断完地面情况后，再判断井下钻具，切不可盲目钻进，以免事故恶化。

361．在下钻过程中钻具螺纹被倒开，如何处理？

答：(1) 起钻检查钻具，判断落鱼的性质。

(2) 下钻对扣并上紧，上提钻具并开泵，观察泵压，判断悬重变化后起钻。

(3) 若落鱼不居中，对不上扣，应另外采取办法，打捞落鱼。

362．在钻进中扣坏脱扣有什么现象？

答：上提悬重减少泵压下降，继续钻进无进尺，以至蹩钻，同时扭矩减小或进尺突然变快，转盘负荷变轻。

363．钻具扣坏脱扣后，因指重表和泵压表及扭矩仪不好而未发现，继续钻进，有何现象？

答：继续钻进时无进尺，并有蹩钻现象，钻井液短路循环，上部地层钻屑增多。

364. 钻进中发生严重蹩跳后上提钻具发现泵压下降，悬重看不出变化，是什么原因？

答：钻具断后悬重的变化随井下落鱼长短而定，当落鱼很短时，悬重就看不出明显变化，如连接钻头的配合接头扣断，落鱼只有钻头，悬重变化显示不出，但可发现泵压的变化。

365. 钻具本体断后怎样打捞？

答：若断口比较规则，可下母锥带安全接头打捞。

366. 钻具本体断后，断口并不规则如何处理？

答：(1) 如果断口太长，先下带引子的凹底磨鞋修鱼顶，然后下入卡瓦打捞筒加安全接头进行打捞。

(2) 如果断口虽长，但断口变形不大，可用卡瓦打捞筒自身所带的洗鞋修理鱼头后，再进行打捞。

(3) 用带加长筒的卡瓦打捞筒错开坏鱼头打捞。

367. 处理断钻具事故的常用工具是什么？

答：(1) 卡瓦打捞筒。

(2) 卡瓦打捞矛。

(3) 公锥、母锥。

368. 在下钻过程中因操作失误钻具落井如何打捞？

答：根据钻具落井情况，直接下钻对扣或选择合适打捞工具，并带好安全接头进行打捞作业。

369. 如何预防钻具事故？

答：(1) 按设计要求选用钻具钢级。

(2) 钻具定期探伤，不符合要求的钻具不入井。

(3) 必须用双大钳紧扣，严禁大钳咬本体上扣和卸扣。

370．什么是落物事故？

答：物体（如钻具、钻井工具、手工具等）从井口掉入井内，称为落物事故。

371．发生落物事故的原因？

答：(1) 由于在井口操作不小心，造成手工具、井口工具等落井。

(2) 在转盘上乱放手工具或其他东西，操作时碰掉了所放物体或因转盘转动使物体落井。

(3) 塔式井架上的一些固定螺栓因松动后脱落掉井。

(4) 在井口违章操作，起下钻铤和取心工具时，不卡安全卡瓦，用猫头吊钻具提升短节，不紧扣等造成钻具落井。

372．落物事故有何危害性？

答：(1) 在钻进中有落物掉井时，可能会造成落物卡钻事故。

(2) 在起下钻中，钻具掉井、钻具顿弯或紧贴井壁，往往造成卡钻事故或导致井眼报废。

(3) 落物事故处理一般都比较困难，需要一定的时间，对生产都有不同程度的影响。

373．怎样预防井口落物事故？

答：(1) 严禁将手工具、螺栓等物放到转盘上。

(2) 在井口使用手工具时盖好井口，严防工具落井。

(3) 起下钻前和起下钻过程中，按规定检修好大钳、卡瓦、吊卡等工具，有问题及时修好。

(4) 起下钻严禁违章操作，提升短节要用大钳紧扣，起下钻铤要卡安全卡瓦等。

(5) 起钻至钻头，迅速盖好钻头盒，严禁在井口转动钻头。

(6) 转盘、井架固定螺栓定期检查，带手工具上井架要系好安全带。

374. 什么是电测事故?

答：完井或中完及中途电测时，发生的卡电缆、卡仪器、电测仪器落井和断电缆等事故统称为电测事故。

375. 发生电测事故的原因是什么?

答：(1) 电缆使用时间长，有断丝没能及时发现。

(2) 电缆下放过程中，速度快造成电缆打扭，遇阻后上提遇卡将电缆提断落井。

(3) 井身质量不好，重复测井电缆在井壁拉出键槽，造成卡电缆或卡仪器等。

(4) 泥浆性能不好，失水比较大造成井壁坍塌，有大的掉块在大肚子井眼中，在电测过程中落入井内造成卡电缆卡仪器。

(5) 从井口掉下落物造成卡仪器、卡电缆。

(6) 下井的仪器连接的不牢，在起下钻过程中，造成仪器落井。

(7) 由于责任心不强，仪器到井口未及时发现，造成拉断电缆仪器落井。

376. 如何预防电测事故?

答：(1) 认真检查下井电缆是否有断丝现象，对于使用时间过长的电缆，应及时更换，否则不得入井。

(2) 电缆在下放过程中，要严格控制下放速度，密切注意张力变化，防止电缆打扭。

(3) 钻进中把好井身质量关，对于井身质量不好的井或者是定向井，电测时间过长超过 24h 时，要通井后再测，防止起下时间过长而将井壁拉出键槽，造成卡电缆、卡仪

器等。

(4) 电测之前要将泥浆性能调整好，起钻前要大排量洗井，保证井眼无赃物。

(5) 空井时要将井口盖好，下电测仪器前在井口操作时要注意防止落物入井，如有落物掉井，要及时下钻通井处理落物。

(6) 对下井的各种仪器要连接牢固。

(7) 电测时发生遇阻或遇卡，禁止提、冲，防止将电缆提断，应及时采取穿心电缆解卡工艺进行解卡。

377. 如何处理卡电缆事故？

答：采取穿心电缆解卡工艺进行穿心打捞。

378. 如何处理电测仪器落井事故？

答：(1) 下相应尺寸的卡瓦打捞筒进行打捞处理。

(2) 根据仪器需要，制作专项工具进行打捞。

379. 如何处理断电缆事故？

答：(1) 电缆落井后，首先确定电缆鱼顶的位置。

(2) 下电缆打捞矛进行打捞。

380. 常用处理电测事故的工具有哪些？

答：(1) 电缆打捞矛。

(2) 电缆仪器打捞筒。

(3) 穿心电缆打捞筒、快装接头等。

(4) 电测车。

第十一部分　钻井新技术

381．什么是欠平衡钻井？

答：欠平衡钻井就是利用自然或人工方法使钻井液当量循环压力低于地层压力，地层流体有控制地流入井筒的一种钻井方式。

382．欠平衡钻井有哪些优点？

答：(1) 减少储层损害，有效地保护油气层。

(2) 实时评价地层，及时发现产层。

(3) 防止或减少井漏、卡钻等复杂事故。

(4) 显著提高机械钻速。

(5) 延长钻头使用寿命。

383．欠平衡钻井必须具备哪些基本条件？

答：(1) 地层压力比较清楚，裸眼段地层压力系数相对单一，即地层孔隙压力梯度应基本一致。

(2) 地层岩性比较稳定，不易坍塌。

(3) 地层流体不含硫化氢或硫化氢浓度低于 $20mg/m^3$。

(4) 要有进行欠平衡钻井的必备装备。

384．哪些情况不能进行欠平衡钻井作业？

答：(1) 野猫子井。

(2) 井壁不稳定的井。

(3) 地层孔隙压力不清的井。

（4）地层流体中 H_2S 含量大于 20mg/m³ 的井。

（5）地层压力高、裂缝性、产量大、风险大的井。

（6）同一裸眼压力系数差别太大的井。

385．欠平衡钻井分哪几种类型？

答：欠平衡钻井分为自然法和人工诱导法欠平衡钻井两种类型。

386．什么是自然法欠平衡钻井？

答：自然法欠平衡钻井又称为边喷边钻的井，一般是在地层压力系数大于 1.10 时，采用常规钻井液，用降低钻井液密度来实现欠平衡钻井。

387．什么是人工诱导法欠平衡钻井？

答：人工诱导法欠平衡钻井，一般是在地层压力系数小于 1.10，当采用常规钻井液无法实现欠平衡钻井时，直接使用低密度流体（气雾、泡沫、空气、天然气、氮气等）作为循环介质或往钻井液基液中注气等方法，实现欠平衡钻井。

388．人工诱导法欠平衡钻井分为哪几种类型？

答：人工诱导法欠平衡钻井中根据使用的钻井流体类型可分为以下几种：

（1）纯气体欠平衡钻井（一般为氮气或天然气）。

（2）充气欠平衡钻井。

（3）雾化欠平衡钻井。

（4）泡沫欠平衡钻井。

389．欠平衡钻井需要哪些设备？

答：欠平衡作业过程中需要常规井控的防喷器组，包括环形防喷器和三个闸板防喷器。此外，还必须有欠平衡钻井作业的专用设备，主要有旋转控制头、液气分离器、自动点火装置、增压机等设备。

390．什么是水平井？

答：水平井是指井眼轨迹达到水平以后，井眼继续延伸一定长度的定向井。这里所说的“达到水平”是指井斜角达到 90° 左右，并非严格的 90°；这里所说的“延伸一定长度”一般是在油层里延伸，并且延伸的长度要大于油层厚度的 6 倍，据研究，只有在油层延伸的长度大于油层厚度的 6 倍时，水平井才有经济效益。

391．水平井有哪些优点？

答：(1) 增加油藏裸露面积，提高单井产量。

(2) 减少水锥和气锥，延长开采周期。

(3) 减少地层出砂。

(4) 提高采收率。

(5) 提高勘探开发综合效益。

392．什么情况适合钻水平井？

答：水平井应用范围非常广，以下情况油气藏更适合应用水平井技术：

(1) 水锥油气藏，减少水锥。

(2) 天然裂缝储层，增加钻遇裂缝的几率。

(3) 低渗透地层，提高单井产量。

(4) 气锥油气藏，减少锥进。

(5) 薄层油气藏，提高开采效益。

(6) 不规则油气藏，减少钻井数。

(7) 低产能油气藏，降低流动阻力。

此外，水平井还应用于热采油藏、煤层气和稠油油藏以及保护环境和解决经济的问题。

393．水平井是如何分类的？

答：水平井的分类是根据从垂直井段向水平井段转弯时

的转弯半径（曲率半径）的大小进行的，见表 11–1。

表 11–1　水平井的分类

类　别	造斜率，(°)/30m	井眼曲率半径，m	水平段长度，m
长半径	2 ~ 6	860 ~ 280	300 ~ 1700
中半径	6 ~ 20	280 ~ 85	200 ~ 1000
中短半径	20 ~ 80	85 ~ 20	200 ~ 500
短半径	30 ~ 150	60 ~ 10	100 ~ 300
超短半径	特殊转向器	0.3	30 ~ 60

394．长半径水平井有何特点？

答：长半径水平井可以用常规定向钻井的设备、工具和方法钻井，固井、完井也与常规定向井相同，只是难度增大而已。若使用导向钻井系统，不仅可较好地控制井眼轨迹，也可提高钻速。它的主要缺点是摩阻力大，起下管柱难度大。此类水平井的数量越来越少。

395．中半径水平井有何特点？

答：中半径水平井在增斜段均要用弯外壳井下动力钻具进行增斜，必要时要使用导向钻井系统控制井眼轨迹。固井和完井方法也可与常规定向井相同，只是难度更大。由于中半径水平井摩阻力小，所以目前在已钻水平井中，中半径水平井数量最多。

396．短半径和中短半径水平井有何特点？

短半径和中短半径水平井主要用于老井侧钻，死井复活，提高采收率，少数也有打新井的。此类水平井需用特殊的造斜工具，目前有两种钻井系统：柔性旋转钻井系统和井

下马达钻井系统。另外，完井的困难较大，只能裸眼或下割缝筛管。由于中靶精度高，增产效益显著，此类水平井越来越多。

397．超短半径水平井有何特点？

超短半径水平井也被称为径向水平井，仅用于老井复活。通过转动转向器，可以在同一井深处水平辐射地钻出多个水平井眼（一般为4～12个）。这种井增产效果很显著，而且地面设备简单，钻速也快，很有发展前途，但需要有特殊的井下工具和钻进工艺以及特殊的完井工艺。

398．水平井的难度主要表现在哪些方面？

答：(1) 水平井的轨迹控制要求高、难度大。

(2) 管柱受力复杂。

(3) 钻井液密度选择范围变小，容易出现井漏和井塌。

(4) 岩屑携带困难。

(5) 井下缆线作业困难。

(6) 保证固井质量的难度大。

(7) 完井方法选择和完井工艺难度大。

399．评定水平井井身质量控制项目有哪些？

答：(1) 数据采集间隔，m。

(2) 全角变化率 G，(°) /30m。

(3) 着陆点水平靶靶区，m。

(4) 水平段纵横偏移，m。

(5) 井口头倾斜角，(°)。

400．为什么水平井的轨迹控制比普通定向井要求高、难度大？

答：普通定向井的目标区是一个靶圆，井眼只要穿过此靶圆即为合格。水平井的目标区则是一个扁平的立方体，如

图 11–1 所示，不仅要求井眼准确进入窗口，而且要求井眼的方位与靶区轴线一致，俗称矢量中靶。

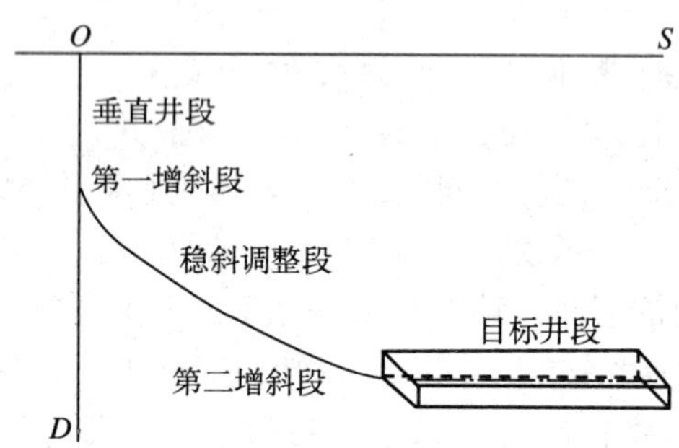

图 11–1　常见水平井轨道及目标区

401．水平井测量仪器有哪些？

答：水平井的测量仪器在最近几十年得到了迅速发展，从磁性单多点发展到有线随钻测量仪、无线随钻测量仪、地质参数随钻测量系统、地质导向系统。

402．水平井的剖面类型主要有哪几种？

答：水平井的剖面类型有多种，最常用的是单增剖面、双增剖面、增—稳—增—水平段（或称五段制剖面）等。大多数时候开钻前的设计为二维剖面，少数时候是三维剖面，在海上三维剖面用得最多。

403．什么是大位移井？

答：目前，国际上对大位移井有两种定义：一种是在第 14 届世界石油大会上由挪威提出的，是指测深等于或大于垂深 2 倍的定向井或水平井；另一种定义主要来源于英国的 BP 公司和美国的 ARCO 公司，是指 2 倍的定向井或水平井，该定义在垂直剖面图上看起来比较直观。

我国主管部门和学术界则将大位移井定义为：垂直井深大于2000m，垂深与水平位移之比为1∶2以上的井。

404．大位移井是如何分类的？

答：大位移井中，当井斜不小于86°延长段的井称为大位移水平井；特大位移井是指当水平位移等于与垂深之比大于3倍时，则称为特大位移井；如果因地质或工程原因在设计轨迹中需要改变方位的，国外常称为设计师井(designer well)，国内一般称为三维大位移井。

405．大位移井有什么特点？

答：大位移井具有井斜角大（井斜角一般都大于60°）、位移大、斜深长（大位移井的斜深多达几千米）的特点。大位移井的测深达到深井、超深井的深度，所以，大位移井实际上是定向井、水平井、深井、超深井技术的综合体现。

406．大位移井有什么用途？

答：(1) 用大位移井开发海上油气田，可以大量节省费用。

(2) 用大位移井勘探开发近海油田风险小。

(3) 用大位移井开发不同类型油气田可提高经济效益。

(4) 用大位移井代替海底井。

(5) 用大位移井可实现海油陆采。

(6) 用大位移井，可以较好地实现对老油田重新勘探与开发。

(7) 利用大位移井，可以在局部地区满足环保的要求。

407．大位移井剖面类型主要有哪几类？

答：大位移井所采用剖面形式主要有两大类：一类称为变曲率剖面；另一类称为定曲率剖面。变曲率剖面中，主要有悬链线剖面形式和拟悬链线剖面形式。定曲率剖面主要有

“直—增—稳”三段制剖面形式。

408．大位移井所用的测量工具有哪些？

答：在钻大位移井的过程中，目前所用测量工具主要有随钻测量系统和随钻测井工具（LWD），以及陀螺仪等。

409．什么是深井、超深井？

答：在我国一般把井深超过 4550m 的井定义为深井，井深超过 5500m 的井定义为超深井。在国际上，井深在 4500 ~ 6000m 的井定义为深井，井深超过 6000m 的井定义为超深井。

410．影响深井钻速的主要原因是什么？

答：(1) 由于地质因素和井身结构设计不合理造成复杂情况影响钻速。深井和超深井所钻地层跨越的地质年代较多，地层变化大，地质条件（构造应力、地应力等）变化大，同一井段包括压力梯度相差较大的多层压力体系和复杂地质情况等。

(2) 大直径井眼机械钻速低。随着井深的增加，地层埋深增加，岩石的硬度和强度也相应增加，大直径钻头的机械钻速明显下降。

(3) 深井段致密硬塑性泥页岩、泥质砂岩和砂质泥岩等难钻地层机械钻速低。深部井段的泥页岩和泥质砂岩等在上覆盖地层压力下变得非常致密，不仅硬度和密度增加，而且机械性能从常压下脆性岩石向塑脆性岩石或塑性岩石转化，牙轮钻头的牙齿在这种硬塑性岩石中破碎起来非常困难。

(4) 小直径井眼机械钻速慢。

411．提高深井、超深井钻井速度的关键是什么？

答：提高深井、超深井钻井速度的关键是：抓住两头（提高上部大直径井眼和深部井段，特别是小直径井眼的机

械钻速），推动中间（重点是解决难钻地层和易斜井段的机械钻速），加强复杂情况的监测和预报，研究适应复杂地质情况的钻井液体系，为设计出合理井身结构创造有利条件。

412．什么是小井眼井？

答：国外比较普遍的定义是：90% 以上的井段用小于 ϕ177.8mm（7in）钻头钻成的井，称为小井眼井。国内认可的定义是：为降低钻井成本而使用的比常规井井眼更小的井，称为小井眼井。综合国内外的观点，小井眼井是指为了降低钻井成本，钻进时，90% 以上的井段用小于 ϕ177.8mm（7in）钻头钻成比常规井径更小的井眼。

413．与常规钻井施工相比，小井眼钻井施工的优点是什么？

答：(1) 节省钻井费用。国内外大量钻井实践证明，小井眼钻井比常规钻井节约钻井费用 30% ～ 75%；当使用 PDC（聚晶金刚石复合片）钻头或 TSD（热稳定金刚石）钻头钻进时，小井眼费用节约会更多。

(2) 有利于保护环境。小井眼占用耕地少，排放废料、废气少，噪声低。

(3) 机动性能好。小井眼钻机设备轻便，机动性能好，特别适用于边远地区和复杂地面条件的油气田（海滩、沼泽、沙漠、戈壁、山区、丛林、城市等）。

414．目前小井眼钻井系统有哪几种基本形式？

答：目前小井眼钻井系统有以下三种基本形式：

(1) 旋转钻进小井眼钻井系统。旋转取心小井眼钻井系统采用小直径钻柱，在高速下旋转金刚石钻头，钻速一般可以达到 6.1m/h，可在 ϕ50.8mm（2in）井眼内取心并进行钻柱测试，如果该层有生产能力，然后扩眼到 ϕ60.33mm

($2^3/_8$in)，下套管（外径为 54.1mm）进行酸化，并安装有杆泵生产。利用这种钻井系统进行小井眼加深钻井，可节约费用 55% ~ 60%。

（2）井下马达小井眼钻井系统。最早采用的井下马达[38.1（$1^1/_2$in）~ 85.73mm（$3^3/_8$in）]来快速钻小井眼[ϕ50.8（2in）~ ϕ114.3mm（$4^1/_2$in）]，这些井下马达一般是以转速 500 ~ 1000r/min 钻进的，且在许多地层钻进比转盘钻进快 3 ~ 5 倍。

（3）连续取心钻井系统。最早采用薄壁钻杆和电缆可回收岩心筒的小井眼连续取心钻井系统。当采用电缆可回收岩心筒和 ϕ111.13mm（$4^3/_8$in）的取心钻头得到的连续岩心长可达 12.19m。在开发井中，平均取心率为 98.3%。

415. 小井眼钻井对水力参数的主要要求有哪些？

答：小井眼钻井对水力参数提出的主要要求是：

（1）确保钻屑在环空中有效输送，即确保环空钻井液流速剖面尽可能均匀和环空钻井液平均流速大于钻屑沉降速度。

（2）确保井壁稳定，要求环空钻井液具有小的速度梯度，最大限度地减小靠近井壁的剪切应力，环空压力低于地层破裂压力，钻井液与地层之间无化学反应。

（3）确保钻头最佳使用效果，为此需要确定冷却钻头和避免钻头泥包所需的最小钻井液排量。

（4）最大限度地减少压力循环损失，为此需要选择适当的钻井液流变性能和钻井液排量。

（5）在定向钻进中影响水力系统的控制因素是井下马达的规格。由于小井眼定向钻进中一般选用的井下马达需要 0.004 ~ 0.008m^3/s 的流量和 1.03 ~ 1.72MPa 的工作压力，对

于这种低流量范围必须正确选用井下马达的规格。

416．什么是多分支井？

答：多分支井是指在一口主井眼的底部钻出两口或多口进入油气藏的分支井眼（二级井眼），甚至再从二级井眼中钻出三级子井眼，并将其回接在一个主井眼中。主井眼可以是直井、定向井，也可以是水平井。分支井眼可以是定向井、水平井或波浪式分支井眼。多分支井可以在一个主井筒内开采多个油气层，实现一井多靶和立体开采。多分支井既可从老井，也可从新井再钻几个分支井筒或再钻水平井。

417．多分支井的优点是什么？

答：多分支井具有以下优点：

（1）增大井眼与油藏的接触距离，增加进油面积，提高扫油效率，从而增加油井产量，提高油田采收率。

（2）能有效开采多油层井段的复合油气藏，用较少直井同时开采多套油气层系。

（3）能有效开采稠油油藏、衰竭油藏、天然裂缝和致密油藏，增大油藏裸露面积。

（4）能有效地开发地质构造复杂、断层多和孤立小断块、小油层，扩大并沟通它们之间的区域连通。

（5）改善油藏动态流动剖面，降低锥进效应，减少或延缓出砂的潜在可能性，提高应力泄油效果。

（6）从主井眼加钻分支井眼，可增加油藏内所钻的有效进尺与总钻井进尺的比率，从而降低钻井总进尺数和钻井成本。

（7）在海上平台钻多底一分支井，能有效地实现老平台增油增产，提高开发水平，增加经济效益。

（8）由于大量井位目标可以从少数几口井中用多底一分

支井钻达，井口槽中的井数可以大为减少，从而降低了平台建造费用。

(9) 由于地面井口的减少，相应的地面工程、油井管理等费用也大大降低，增加了油田开发的经济效益。

(10) 对经济效益接近边际的油田，通过钻多底—分支井降低开发费用，使其变为经济有效的开发油田。

总之，采用多底—分支井开发油田，可以增加产量，降低成本，减少风险，具有很大的潜在经济效益。

418. 多分支井的缺点是什么？

答：与普通定向井、水平井相比，多分支井存在以下缺点：

(1) 完井风险大，可能丢失分支井眼，沟通不了油藏。

(2) 增加泥浆对油层的浸泡时间，可能造成油藏伤害。

(3) 在分支井眼洗井作业时，因各分支井眼不同的要求，可能牵涉到的过程较复杂。

(4) 操作费开支由于风险因素的存在而无法完全确定。

419. 简述多分支井的应用范围。

答：多分支井应用范围见表11–2。

表11–2 多分支井的应用范围

应用范围	目 的
有多个目的层互不连通的油藏；封隔的断块；高质量砂岩	将多个单独开发不经济的油藏联合开发以增加储量
尺寸受限制的油藏透镜体；受断层所限制的油藏	解决在这类油藏中水平井段的长度受限制的问题
多种泄油模式通过老井重钻，控制油流的位置	增加平面上的油藏动用程度
多层油藏在不同的油层中获得不同的产油能力	增加垂直面上的油藏动用程度

续表

应用范围	目　的
增加已投产井的产量，重钻多底井一分支井	增加产量及储量
处理油藏的地质问题，穿过断层或页岩隔层	增加产量
限制水和气的产量减少锥进，降低压力消耗	降低脱气、脱水的处理费用
注入新井或重钻井	增加平面上及垂直面上的波及面积，增加产量

420．什么是套管钻井？

答：套管钻井技术是指在钻进过程中，直接采用套管向井下传递机械能量和水利能量，井下钻具组合接在套管柱下面，边钻进边下套管，完钻后作钻柱用的套管留在井内作完井用。套管钻井技术将钻进和下套管合并成一个作业过程，钻头和井下工具的起下在套管进行，不再需要常规的起下钻作业。

421．套管钻井有什么特点？

答：(1) 套管钻井使用标准的油井套管，并使钻井和下套管作业同时进行。

(2) 井底钻具组合装在套管柱的下端，可用钢丝绳通过套管内部迅速取出。在取出过程中可保持泥浆连续循环。

(3) 整个钻进过程中，一直保持套管直通到井底，改善井控状况。

(4) 套管只是单方向钻入地层，不再起出，除非打完井后确认是干井，就要起出最后一段套管柱。

(5) 套管钻井可沿用许多已有的钻井技术，如定向钻

井、注水泥、测井、取心和试井等作业。

(6) 套管钻井不再依靠钻杆，而是靠钢丝绳进行更换钻头作业。

(7) 套管钻井使用标准的油田套管进行，唯一不同的是，套管接箍或螺纹需要改进，以便提供钻井所需要的扭矩。

422. 套管钻井的优点是什么？

答：(1) 减少起下钻的时间。用钢丝绳起下更换钻头要比传统的用钻杆起下钻大约快 5 ～ 10 倍。

(2) 节省与钻杆和钻铤有关的采购、运输、检验、维护和更换的费用。

(3) 因为井筒内始终有套管，也不再有起下钻杆时对井筒内的抽汲作用，使井控状况得到改善。

(4) 消除了因起下钻杆带来的抽汲作用和压力脉动。

(5) 用钢丝绳起下钻头时能保持泥浆连续循环，可防止钻屑聚集，减少了井涌的发生。

(6) 改善了环空上返速度和清洗井筒的状况。向套管内泵入泥浆时因其内径比钻杆大，减少了水力损失，从而可以减少钻井泵的配备功率。泥浆从套管和井壁之间的环形空间返回时，由于环空面积减小，提高了上返速度，改善了钻屑的携出状况。

(7) 可以减小钻机尺寸、简化钻机结构、降低钻机费用。其原因如下：

①水力参数的改善降低了对钻井泵功率的需求；

②可以取消二层平台和排放钻杆的钻杆盒；

③不再使用钻杆；

④套管钻井是基于单根套管进行的，不再需要采用类似

双根或三根钻杆构成的立根钻井方式，因此井架高度可以减小，底座的重量可以减轻；对于深井钻机而言，建造一台基于单根钻井的钻机，其井架和底座要的结构和重量比基于立根钻井的钻机简单得多；

(8) 钻机更加轻便，易于搬迁和操作，人工劳动量及费用都将减少；

(9) 根据 Tesco 公司的测算，打一口 10000ft 的井，可节省钻井时间约 30%。

423．什么是地质导向钻井？

答：地质导向钻井就是在钻井过程中通过测量多种地质和工程参数来对所钻地层的地质参数进行实时评价，根据评价的结果来精确地控制井下钻具命中最佳地质目标。换言之，所谓地质导向，就是使用随钻测量数据和随钻地层评价测井数据来控制井眼轨迹的钻井技术。它以井下实际地质特征来确定和控制井眼轨迹，而不是按预先设计的井眼轨迹进行钻井。

424．地质导向钻井的优点是什么？

答：地质导向钻井的优点是：

(1) 连续的井眼轨迹控制，减少了起下钻次数。

(2) 钻头处的井斜传感器减少了大斜度井、水平井的井斜误差，减少了井眼的曲折度，增强了井眼位移延伸能力，减少了摩阻对钻柱的磨损。

(3) 钻头钻速传感器能使司钻最佳使用导向马达，由此可提高机械钻速，延长马达的使用寿命，减少起下钻换钻具的时间。

(4) 近钻头传感器使钻头处参数测量的滞后时间接近于 0，能使井眼最大限度地保持在油藏内。

(5) 方位伽马射线测量能在钻头处进行地层对比，这对探测标志层、确定套管下深和取心层位是非常有用的，同时还可使司钻掌握是否钻穿地层的顶部或者底部。

(6) 定性的电阻率测量能够实时显示油气和岩性，这对地层对比和确定油气水界面是非常有用的。

(7) 方位电阻率可使司钻得知油—水、油—气和其他液相界面流体边界的方向。

正是由于地质导向钻井技术具有上述优点，地质导向工具在老油田后期开发、提高采收率以及开采那些油层薄、形状特殊的难采油藏等方面具有明显的效果和显著的经济效益。

参 考 文 献

【1】中国石油天然气集团公司人事服务中心编．石油钻井工（上、下册）．东营：中国石油大学出版社，2003．

【2】陈庭根，管志川主编．钻井工程理论与技术．东营：中国石油大学出版社，2000．

【3】黄国志主编．钻井司钻．北京：石油工业出版社，1993．

【4】梅江等编．钻井工人岗位技术学习问答．北京：石油工业出版社，1991．

【5】张发展主编．复杂钻井工艺技术．北京：石油工业出版社，2006．